Michael Frey Dodillet

Herrchen-trubel

Graue Schnauze, großes Glück

HEYNE <

Die Verlagsgruppe Random House weist ausdrücklich darauf hin, dass im Text enthaltene externe Links vom Verlag nur bis zum Zeitpunkt der Buchveröffentlichung eingesehen werden konnten. Auf spätere Veränderungen hat der Verlag keinerlei Einfluss. Eine Haftung des Verlags für externe Links ist stets ausgeschlossen.

MIX
Papier aus verantwortungsvollen Quellen
FSC
www.fsc.org
FSC® C083411

Verlagsgruppe Random House FSC® N001967

2. Auflage

Neumarkter Straße 28, 81673 München
Redaktion: Judith Schwaab
Umschlaggestaltung: Nele Schütz Design, München,
unter Verwendung eines Fotos von
shutterstock / eynoclub, Eri Isselee
Satz: Leingärtner, Nabburg
Druck und Bindung: CPI books GmbH, Leck
Printed in Germany
ISBN: 978-3-453-20087-6

www.heyne.de

Für Luna und Wiki.
Es ist so schön, dass es euch gibt.
Wer sonst würde mit mir
bei diesem Sauwetter rausgehen.

Was ihr vorher unbedingt wissen solltet

Worum es in diesem Buch geht

Der dritte Band der *Herrchen*-Trilogie beginnt mit der Erkenntnis, dass fuchsteufelswilde Hündinnen im reifen Alter nicht ruhiger, sondern noch fuchsteufelswilder werden, und endet mit der Überlegung, ob die zart leuchtende Regenbogenbrücke wohl breit genug ist, damit keiner runtersegelt und sich wehtut, wenn da oben die finale Schlägerei ausbricht.

Dazwischen flippt ein kleiner Rüde aus, weil ihm jemand seine Butterkotze stibitzen will; Herrchen demonstriert am Jaberg, wie man vibrierende Hundeseniorinnen vom Morden abhält, indem man sie in den Schwitzkasten nimmt; und gewaltfrei erziehende, glücklich über allem schwebende Hundetrainerinnen namens Gundula trällern Ankersignale in den Hildener Stadtwald, bis die Käuzchen von den Bäumen kippen.

Der Tapas-Stammtisch, der mittlerweile ein Haus weitergezogen und zum Schweinshaxen-Stammtisch mutiert ist, gibt wie üblich seinen Düsseldorfer Senf dazu. In markanten Nebensätzen werden drängende Fragen der Hundeerziehung verwurstet. Auch die provenzalischen Campingplätze schlagen wieder die Hände über dem Kopf zusammen. Mit anderen Worten, wir befinden uns im Jahre elf der Hundeerziehung und stellen aufatmend fest: Irgendwie ist alles noch beim Alten.

Worum es in diesem Buch nicht geht

Impfen, barfen, südosteuropäische Straßenhunde und Cesar Millan. Es gibt Fettnäpfchen, die betrete ich nach so vielen Jahren einfach nicht mehr. Wir werden auch nicht diskutieren, ob ein vierfach gemoppeltes, vegan wattiertes Komfortgeschirr bessere Führung erlaubt als das edelstählerne Kettenhalsband aus dem moralisch fragwürdigen Tierbedarfsgroßmarkt. Genauso wenig wollen wir wissen, ob man seinen laktoseintoleranten Hund mit trockenen Demeterpellets füttern oder doch lieber mit frischer Katze barfen soll und was passiert, wenn man dieses heikle Thema in Katzenforen diskutiert.

Wer in diesem Buch die erste Geige spielt

Ich nicht! Der Hundehalter an sich ist zweitrangig und wird in seiner Bedeutung völlig überschätzt. Seine Befindlichkeiten können großzügig vernachlässigt werden, solange er gut zu Fuß ist und noch so tadellos hört, dass er dem Runter-vom-Sofa-Knurren seiner Hunde unverzüglich Folge leistet. Falls ihr euch jetzt – in meinen Augen zu Recht, aber ich kann da leider wenig machen – nicht ausreichend gewürdigt fühlt, reicht eure Beschwerde auf der Facebook-Seite meiner Hunde ein. Ihr findet die Adresse am Ende des Buches. Versucht bitte, einen Ochsenziemer beizulegen, sonst wird euer Anliegen nicht bearbeitet.

Die erste Geige spielt Luna. Sie ist eine mittlerweile elfjährige wandelnde Verhaltensstörung, die alles verkloppt, was vier Beine hat und nicht bei drei auf dem Baum ist. Luna lebte ein zufriedenes Divaleben, bis ihr aus heiterem Himmel die zweite erste Geige vor die Nase gesetzt wurde: Wiki, ein zuckersüßer Terriermischling, der alle Herzen im Sturm erobert und jedem gnadenlos seine zweiundvierzig Zähne in den Unterarm rammt, der ihm frisch gebuddelte Mauselöcher, gemopste Butterpäckchen oder körperwarmes Erbrochenes streitig machen möchte. Wir haben ihn vor fünf Jahren in einem Anfall geistiger Umnachtung aus dem Tierheim Solingen abgeholt und in unsere Familie überführt. Seither knetet ihn Luna jeden Morgen einmal kräftig durch und fragt sich den Rest des Tages, wann der Wahnsinnsknabe wohl wieder verschwindet.

Wenn unsere Kinder früher zu sehr über die Schule gemotzt haben, haben wir Erziehungsberechtigten immer einen bedächtigen Zeigefinger gehoben und pädagogisch wertvoll gesprochen: »Du sagst jetzt sofort drei gute Sachen über Bio.«

In der Hundeerziehung funktioniert das auch. Luna muss in regelmäßigen Abständen drei gute Sachen über Wiki sagen. Nach längerem Überlegen kommt immer dasselbe dabei heraus.

Erstens: Er hat Ohren.

Zweitens: Er hört nicht.

Drittens: Er mault nicht beim Durchkneten.

Wenn wir zu dritt unterwegs sind, kommt es gelegentlich zu unerwünschten Übergriffen. Vorsichtshalber habe ich mir Erklärungen zurechtgelegt, um meinen Mitmenschen deeskalierend begegnen zu können. Auf die Frage, was denn bloß mit meinen Hunden los sei, antworte ich mit umwölktem Blick: »Bei Luna wurde eine disruptive Launenfehlregulationsstörung (DLFRS) diagnostiziert, und Wiki leidet an einer Sonderform des Aufmerksamkeitsdefizit-Hyperaktivität-Syndroms (ADHS). Ich tue, was ich kann.« Probiert das mal aus! Es wirkt unfassbar kompetent. Ihr könnt natürlich auch die Wahrheit sagen: »Ich habe meine Hunde nicht im Griff, und der Kleine kann manchmal ein echter Arsch sein.«

Aber das muss jeder selber wissen.

Wie es zu diesem Buch kam

In jenem Urlaub in Sainte-Croix-du-Verdon – Luna war erst anderthalb Jahre alt, stand also quasi in der zarten Blüte ihrer Jugend – ächzten wir beide jeden Morgen den steilen Weg hoch zur Dorfbäckerei. Jeden Morgen trafen wir den netten Herrn aus Holland mit seiner Schäferhündin. Jeden Morgen brachten sich die beiden Damen beinahe gegenseitig um. In drei Wochen hatten wir nur ein einziges Mal kein Theater mit den Hunden. Da trafen wir nicht auf dem engen Pfad aufeinander, sondern oben vor der kleinen Bar.

»Meine ist noch jung«, erklärte ich mit der kindlichen Zuversicht, die ahnungslose Amateure so gern an den Tag legen. »Da ist man noch wild und ungestüm. Im Alter legt sich das bestimmt.«

»Nee, zo simpel ist das niet«, seufzte der holländische Herr und beraubte mich innerhalb von zwanzig Sekunden aller Illusionen. »Meine Trulla ist schon zwölf. Es ist jedes Jahr schlimmer geworden mit ihr. Die Mama und die Oma von ihr habe ich auch schon gehabt, und die waren genauso.«

Zehn Jahre später wandern meine Frau Stella und ich an einem warmen Frühlingstag durch unser Erkrather Viertel. Wir sind auf dem Weg ins Grüne. Im Nachbarhaus wohnt Nelly. Nelly guckt aus dem Fenster. Luna explodiert wie ein Zehnerkracher. Sie will Nelly abmurksen. Nelly ist eine Bedrohung ungeahnten Ausmaßes. Ein West-Highland Terrier, der in eine Teetasse passt! Schwitzend angle ich mein aufgebrachtes Rumpelstilzchen aus der Luft. Stella schaut unbeeindruckt zu.

»Du«, sagt sie.

»Ja?«

»Der Holländer hatte recht.«

Fünf Minuten später haben wir den Stadtrand erreicht. Der Wind umschmeichelt die zarten Schösslinge der Baumschule. Im

Umkreis von dreißig Kilometern ist kein anderer Hund zu sehen. Wir leinen unser Geschoss ab.

»Schreib was über alte Hunde«, sagt Stella. »Da draußen gibt es Millionen von Hundehaltern, die immer noch hoffen, dass es mit zunehmendem Alter besser wird.«

Die Kapitel-Häppchen

Die Luna-Kloppereien

Was du hörst:
*»Ihre brutale Hündin hat meinen Gisbert bedroht.
Dabei ist er viel schwächer.«*

Was du sagst:
»Das ist mir wirklich sehr, sehr unangenehm.«

Was du denkst:
*Soll sie sich mit Stärkeren anlegen?
Die ist doch nicht lebensmüde.*

Hell's Granny

»Was macht Luna da?«, fragt meine Frau und schaut zu, wie unsere Hündin in einer Staubwolke am Horizont verschwindet.

»Sie verschwindet in einer Staubwolke am Horizont«, sage ich.

»Das sehe ich auch«, sagt Stella. »Aber warum macht sie das?«

»Wahrscheinlich ist irgendwo da hinten Wolfi.«

Wolfi und Luna kennen sich seit ungefähr zehn Jahren und wollen sich seit ungefähr zehn Jahren umbringen, wenn sie sich begegnen.

»Das war eine rhetorische Frage«, seufzt meine Frau. »Mir ist auch klar, dass da hinten irgendwo Wolfi ist. Aber warum macht sie das? Luna ist elf. Weißt du, wie alt sie als Mensch wäre? Unter Berücksichtigung ihrer Größe und ihres Gewichts umgerechnet etwa fünfundachtzig! Wie kann man mit fünfundachtzig in einer Staubwolke am Horizont verschwinden, nur weil man sich auf eine Schlägerei freut? Das ist die brutalste Oma, die ich kenne.«

»Sei froh, dass sie keinen Rollator hat«, murmele ich. »Dann wäre sie noch schneller.«

»Mich erinnert sie an die Hell's Grannies von Monty Python. Die haben mit ihren Handtaschen auch immer wahllos auf Passanten eingeschlagen.«

Versonnen blicken wir unserer rüstigen Rentnerin hinterher, die fünfhundert Meter weiter vorn abbiegt, wie eine Drohne in die Baumschule hineindonnert und nicht eher wieder herauskommen wird, bis sie Wolfi auf den Mond geschossen hat –

mitsamt Bauer Fürmann, dem Sohn von Bauer Fürmann, der Frau von Bauer Fürmann und den vier Pappeln, die blöde hinter ihnen herumstehen.

Alles wie gehabt.

Das ist das Schöne an unserem Städtchen. Es verändert sich mit den Jahren absolut nichts. Nelly zetert immer noch im verglasten Erker, Gisbert ist suizidgefährdet, Wolfi findet Luna doof, und Luna findet Wolfi doof. Manchmal ist Wolfi nicht auf dem Bauernhof, weil er spazieren geht. In diesem Fall findet Luna das grüne Eisentor doof, hinter dem Wolfi normalerweise auf und ab rennt. Sie detoniert, ob er da ist oder nicht.

Meistens bleiben wir vor dem Tor stehen, bis sie sich wieder beruhigt hat. Das dauert nicht lange. Ein Krause – wir nennen alle fünftausend Hundeahnunghaber, denen wir im letzten Jahrzehnt begegnet sind, der Einfachheit halber Krause –, also ein Krause hat gesagt, Ausharren vor dem Tor sei eine gute Übung, wir sollten das regelmäßig praktizieren. Es ist nur ungünstig, wenn plötzlich der Heinz mit seinem brummelnden Husky ins Training platzt und gedankenlos zwischen uns und Wolfis Tor hindurchspaziert.

KAAA – – – WUMM!

Heinz und Husky werden jedes Mal ganz schnell. Sie trauen mir nicht. Es sieht ja auch irrsinnig aus, wie ich mit einem wild schlängelnden, pelzigen Vierzig-Kilo-Aal in den Händen dastehe und zwischen den Zähnen hervorpresse, er brauche sich keine Sorgen zu machen, es sei alles in Ordnung. Der ginge in diesem Moment wahrscheinlich lieber mit Freddy Krueger ein Bier trinken.

Dabei weiß Heinz doch wie alle anderen im Viertel, wie es um uns bestellt ist. Luna laboriert an einer kombinierten Freilauf- und Leinenaggression sowie an diversen weiteren Macken, die ihr in der Nachbarschaft die Berufsbezeichnung *Problemhund* eingebracht haben. Ich finde diesen Begriff diskriminierend und spreche lieber von einer emotionsflexibel veranlagten Andersbefähigten mit Perforationshintergrund.

Das geht in etwa so.

»Hören Sie mal, Sie! Ja, Sie! Wenn Ihre aggressive Töle noch einmal auf meinen Gisbert losgeht, zeige ich Sie an.«

»Luna ist nicht aggressiv, sie ist nur disruptiv launenfehlreguliert. Außerdem habe ich sie an der Leine. Es kann nichts passieren, solange Gisbert nicht wieder in uns hineinrennt. Wollte er sich gerade umbringen?«

»Das kann ich nicht verhindern. Gisbert hört ja nicht.«

Damit ich während des in scharfem Ton geführten nachbarschaftlichen Verhörs nicht von den Füßen gerissen werde, praktiziere ich den dodilletschen Schwitzkasten, der sich schon bei Husky-Heinz so gut bewährt hat. Ich drücke die vor Mordlust vibrierende Luna an mein linkes Bein, vergrabe beide Fäuste tief in ihrer Halsschwarte und verwandele mich in einen stählernen Schraubstock. Es ist das Einzige, was zurzeit einigermaßen hilft.

Neben uns steht Wiki und schaut schwanzwedelnd zu. Wiki ist Lunas kleiner Rüde. Sie hat ihn vor vier Jahren bekommen. Wir dachten, wenn Luna morgens jemanden zum Verkloppen hat, ist sie nachmittags auf der Hunderunde besser gelaunt. Eines von vielen hochambitionierten Erziehungskonzepten, die leider nicht aufgegangen sind.

»Sie können dankbar sein, dass ich noch nicht beim Ordnungsamt war.«

»Ich bin sowas von dankbar, Frau, äh …«

»Mein Gisbert traut sich kaum noch aus dem Haus.«

»Dafür ist er aber sehr oft alleine unterwegs.«

Ihren vernichtenden Blick nehme ich nicht wahr. Ich habe alle Hände voll zu tun. Luna versucht, rückwärts aus meinen Armen zu entkommen, um den verängstigten, traumatisierten Gisbert zu schreddern, dessen Nase sich gerade in ihren Hintern bohrt, als gäbe es dort Erdöl.

»Sie! Ihr Hund windet sich gleich aus Ihrem Griff.«

»Ja, es ist im Augenblick nicht einfach«, schnaufe ich. »Vielleicht möchten Sie mit Gisbert weitergehen?«

»Gisbert! Komm mal bei dem Hund wech!«

»Er hört nicht!«

»Sag ich doch.«

Der Gisbert soll mal froh sein, dass ich unser Equipment regelmäßig überprüfe, denke ich. Es hat auch Zeiten gegeben, da habe ich das nicht getan. Da habe ich blind darauf vertraut, dass Edelstahl Edelstahl ist und Hund eben Hund. Also ein Häuflein Fell, Haut und Knochen auf der einen Seite und auf der anderen Seite massives Roheisen, geschmolzen in einem achttausend Grad heißen Lichtbogenofen, veredelt mit Chrom, Nickel und Molybdän. Wer denkt denn da an Ermüdungsbruch? Beim Hund vielleicht. Aber doch nicht beim Stahl!

Seit einer peinlichen Szene im Neanderteal weiß ich jedenfalls, dass eine lockere Leine nicht zwingend etwas mit vorbildlicher Leinenführigkeit zu tun haben muss. Es kann auch einfach sein, dass – Pzoiiinggg! – das Kettenhalsband in der Mitte durchreißt und man mit baumelndem Equipment blöd im Wald steht. Als leidgeprüfter Krawallmausinhaber bin ich heilfroh, dass die Gegnerin kein nach Feuerwehr, Ordnungsamt und Landesjagdverband kreischendes Gisbertfrauchen war, sondern eine geistesgegenwärtige Johanna Bond 007 mit der Lizenz zum Deeskalieren.

Während ich noch irritiert auf das pulverisierte Edelstahlhalsband in meiner Hand blickte, stürzte sich Luna schon auf das zarte Windspiel, das uns vergnügt entgegentänzelte. Dessen Besitzerin war mindestens genauso verwundert wie ich. Eben hingen meine beiden doch noch an Strippen? Wie konnte es da sein, dass eine braun gefleckte Mistkröte aus unserem Dreierverbund herausflog und sich über ihren Schatz hermachte? Vor Schreck ließ ich Wikis Leine fallen. Meine aufgebrachte schwarz-weiße Radaurassel startete sofort durch und raste hinter Luna her. In trauter Zweisamkeit ist so eine Schlägerei noch viel schöner. Mein Gott, ja, ich habe auch schon mal besser ausgesehen.

Die Verblüffung der Frau hielt nur kurz an. Dann kam 007 zum Vorschein. Sie schickte ihren Hund mit einem knappen Befehl in den Wald und ließ ihn dort Kreise laufen. Seelenruhig wartete sie ab, bis er mit Luna auf den Fersen zum dritten Mal wieder an ihr vorbeigaloppierte. In einer einzigen fließenden Bewegung irritierte sie meine wutschnaubende Hündin durch einen geschmeidigen Sohlenstups in die Flanke, sodass Luna kurz aus dem Takt kam und ich sie mit einem Hechtsprung einsacken konnte, schnappte sich Wikis Leine, bevor dieser Lunas frei gewordenen Job als Oberhetzer übernehmen konnte, drückte mir die Leine in die Hand und rief ihr Windspiel zu sich. »Ganz normal alles, sind halt Hunde«, sagte sie freundlich und ließ mich mit offenem Mund stehen.

Eine Heldin des Gassigangs, bis heute leider anonym geblieben. Ich weiß also immer noch nicht, wo der Bundespräsident den Orden hinschicken soll. Seither zerre ich jedenfalls einmal pro Monat prüfend an allen im Haus befindlichen Karabinern, Haken, Ösen und Kettengliedern.

»Wir sind dann mal wieder weg«, macht Gisberts Frauchen mir Hoffnung.

»Ja bitte«, flehe ich. »Seien Sie mal wieder weg.«

Luna zuckt wie ein Berserker. Gleich hebelt sie mich von den Füßen.

»Das muss aber bald mal besser werden mit Ihnen.«

»Gnmmpf.«

»Ist ja kein Zustand.«

»Bnmmpf.«

»Halten Sie bloß diesen gefährlichen Hund fest.«

»K-k-k.«

»Gisbert! *Fuß!*«

Die beiden trollen sich. Gisbert interpretiert *Fuß* sehr liberal. *Fuß* bedeutet für ihn, dass er seine Alte gerade noch am Horizont erkennen können muss. Bei klarer Sicht liegen zwischen Gisbert und *Fuß* auch schon mal tausend Meter.

Soviel also zu den Hunden des Viertels.

Gisbert, Nelly, Wolfi, Husky, Wiki, Luna.

Die tobsüchtige Kuvaszin zählt nicht richtig dazu. Die wohnt ein bisschen außerhalb hinter den Pappeln und tut, was ein Herdenschutzhund tun muss: Sie schützt ihre Herde. Will heißen, den Rasen, den Maulwurf, die Bienchen, die Liegestühle, den Grill, die Hecke. Man kann nie richtig erkennen, ob sie im Garten lauert oder nicht. Luna und ich rennen immer völlig ahnungslos in die Katastrophe hinein. Die Kuvaszin will Luna den Garaus machen und Luna der Kuvaszin. Dazwischen nur ein Meter Kaninchendraht und spindeldürres Buchsbäumchenzeugs.

Ein Albtraum!

Nachdem wir jahrelang den Garten der Kuvaszin gemieden haben, sind wir unlängst wieder einmal vorbeigeradelt. Meine Güte, habe ich gedacht, was soll schon passieren, die Damen sind elf, altersweise und nach so langer Zeit kennen die sich gar nicht mehr, und außerdem sehen beide nicht mehr so gut, und die Arthrose zwickt, und man wird im Alter ja auch ruhiger und – – – GOTT SEI DANK WAR DAS BUCHSBÄUMCHENZEUGS MITTLERWEILE METERDICK! Die Grannies gingen aufeinander los wie die Berserker!

Meine Stammtischjungs finden Lunas Verhalten ganz in Ordnung. Nach dem fünften Alt sowieso. Eine unberechenbare Granate wie Luna mit sich zu führen habe auch sein Gutes, sind sie sich einig. Man könne nachts völlig entspannt durch die übelsten Gegenden laufen und müsse sich nicht sorgen, überfallen und beraubt zu werden. Die vier Herren sind in mittleren bis großen Unternehmen beschäftigt und absolvieren gelegentlich Business-Seminare in *Positive Thinking*. Ich profitiere davon. Wenn ich ihnen eine Weile gut zugehört habe, bin auch ich in der Lage, jede Unannehmlichkeit des Hundehalterlebens mit Zuckerguss zu überziehen.

Leinenführigkeit sei gesundheitsschädlich, sage ich zum Beispiel gern. Vor allem größere Hunde sollten ständig ziehen. Kräftig in der Leine zu hängen stärke die Rücken- und die Hinterlaufmuskulatur. Das erleichtere das Treppensteigen im Alter und beuge eventuellen Hüftschäden vor.

Es gibt da, glaube ich, eine Studie. Ich suche sie bei Gelegenheit mal raus.

»Woran denkst du gerade?«, fragt Stella.

Wir schauen beide unserer Hündin zu, wie sie unverrichteter Dinge aus der Baumschule biegt, nach rechts und links guckt und gemächlich auf uns zutrottet, nachdem sie uns entdeckt hat.

»An dies und das«, sagte ich. »Und an den lebensmüden Gisbert.«

»Die Hunde können nichts dafür«, sagt sie und leint Luna an. »Die Halter haben einen an der Waffel.«

»Ich nicht«, sage ich. »Ich gehöre zu den Guten.«

»So siehst du aus.«

Sie drückt mir die Leine in die Hand. Am Horizont taucht Wolfi auf. Er ist ganz offensichtlich auf dem Weg in den Wald. Luna explodiert. Nur Minuten später kommen wir an Wolfis grünem Hoftor vorbei. Luna explodiert.

Es ist schön, dass es Konstanten im Leben gibt.

Management by Feinkost

Luna und ich haben uns acht Jahre lang den Arsch aufgerissen, und es wurde nicht besser. Jetzt machen wir seit drei Jahren gar nichts mehr, und es wird nicht schlechter. Damit steht eindeutig fest, welche Erziehungsmethode die uns noch verbleibende gemeinsame Zeit begleiten wird: seliges Nichtstun.

Die letzte dokumentierte Erziehungsrunde, mit der ich Lunas Leinenaggression in den Griff zu bekommen versuchte, nannte sich *Management by Feinkost*. Bevor ich zur hausgemachten Bestechung für Wohlverhalten griff, hatte ich es selbstverständlich körpersprachlich probiert. Leider bin ich für diese Form der Kommunikation völlig ungeeignet. Meine Kinder wissen auch ganz genau, warum.

An einem sonnigen Frühlingstag versuche ich, eine mit schwerer Erde gefüllte Schubkarre über unsere holperige Wiese zu bugsieren. Als ich mit dem linken Fuß in ein von den Hunden aufgebuddeltes Mauseloch trete und mit dem rechten an einem Maulwurfshaufen hängen bleibe, ist mein Schicksal besiegelt.

Wild eiernd versuche ich, auf einer Strecke von zehn abschüssigen Metern mein Gleichgewicht zu halten. Ich stolpere nach Osten, während die Karre nach Westen ausbricht, reiße das Ruder in letzter Sekunde herum, ramme mir die Handgriffe in die Leiste, lasse das Gefährt los, bevor ich meinen eigenen Schuh überfahre, und lande schließlich der Länge nach auf der Schnauze. Lotta und Marie beobachten diesen unwürdigen Akt der Hilflosigkeit ungerührt von Anfang bis Ende und diagnostizieren trocken: »Er ist ein echter Körperklaus.«

Hätte ich das mal früher gewusst! Ich hätte mir nicht jahrelang den Kopf über meine eigene Unzulänglichkeit zerbrochen. Warum bloß kriege ich meine Hunde nicht erzogen? Wieso machen die mich täglich zum Hanswurst? Bin ich zu schwach? Zu doof? Zu ahnungslos? Nein! Ich bin ein Körperklaus!

Körperkläuse grätschen zwischen Hund und Reizlage, fauchen KSSST und werden nicht für fünf Pfennig ernst genommen. Klar, der Hund springt beiseite. Aber nicht, weil er beeindruckt ist, sondern, weil er fürchtet, dass ihm der Körperklaus mal wieder auf die Pfoten trampelt. Beim Ausweichen stellt er fest, hey, da vorne riecht es lecker nach Reh, und wo ich eh grade auf dem Sprung bin ... tschüss! Der Körperklaus zappelt derweil am Waldrand, versucht, sich interessanter zu machen als das jagdbare Getier, und johlt in einem fort: AUUSSSS ZURÜCK PLATZZZZ!

Das funktioniert aber nicht. Ein Körperklaus ist nämlich von Natur aus nicht interessant. Das klingt paradox. So seltsam, wie er herumfuchtelt, müsste er eigentlich der totale Magnet sein. Aber hier weiß der gewiefte Hund zu unterscheiden. Dieser Hampelmann am Horizont ist kein Mensch, der sich interessant macht, um mich vom Jagen abzulenken, sondern ein Körperklaus, der sich ganz normal bewegt. Und was er da mit seinem dünnen Stimmchen ruft – »SSSÜCKKKKTZZZZZ!« –, hat mit einem Kommando nichts zu tun. So klingen Babyrasseln.

Manche Naturtalente werfen ihren Hunden einen kurzen Blick zu, schon backen die kleine Brötchen. Guckt ein Körperklaus, geht der Hund nicht in Deckung, sondern sieht sich nach allen

Seiten um. Er denkt, oha, der Klaus guckt, irgendwo muss etwas zum Verkloppen sein.

Wenn ein Körperklaus mit dem Unterarm wedelt und mit Babyrasselstimme »*Weg da vom Mauseloch!*« befiehlt, wird er umgehend in den Unterarm gebissen. Er wedelt eben nicht wie eine würdige Respektsperson mit dem Arm, sondern wie ein Körperklaus.

Anstatt seinen Hund wegen Geruchsbelästigung und unverschämten Breitmachens aus dem Bett zu werfen, stupst ein Körperklaus nur unentschieden den Hundepoppes an und wird prompt angeknurrt.

Am Fahrrad zuckt ein Körperklaus hinter seinen Hunden her und vollführt lebensgefährliche Manöver, weil der eine nach rechts will und der andere nach links. Die Leinen hat sich der Körperklaus an einen Arm gebunden. In Extremsituationen rutscht er von den Pedalen. Idealerweise fährt er ein Damenfahrrad, um sich auf der Mittelstange nicht selbst zu vasektomieren.

Der Aufenthalt in Facebook-Gruppen ist ebenfalls nicht leicht für ihn. Da schreiben kompromisslos auftretende Damen in tarngefleckten Cargohosen kernige Sätze wie *Hallo zusammen, mein Name ist Kimberly, ich* FÜHRE *zwei Rhodesian Ridgebacks.* Der Körperklaus liest das und hat sofort ein schlechtes Gewissen, weil er selber nicht so toll führt. Ganz hartgesottene Körperkläuse antworten unter Zuhilfenahme von vier Gläsern Chardonnay: *Guntach, ich bin ein Körperklaus, ich werde von einem Neandertalian Arschkeks jagdlich geführt.* Aber dafür muss man geschaffen sein.

Professionelle Hilfe ist nicht in Sicht. Ich habe mich erkundigt. Der Mexikaner bildet ausschließlich Packleader aus. Mit einem Packklaus will er nichts zu tun haben. Bei Mirko Tomasinis Leitwolftraining findet sich auf den ersten Blick auch nichts. Ich kann das verstehen. Selbst nach fünfundzwanzig Unterrichtseinheiten wird aus einem Körperklaus kein Leitwolf. Aber vielleicht ein Leitklaus? Mirko ist gut. Der hat schon die wildesten Stolperer und Fuchtler unter seine Fittiche genommen. Ein Leitklaus wäre wahrscheinlich besser als nichts.

Als letzter Trost bleibt natürlich die stille Hoffnung, dass Luna und Wiki selber einmal Körperkläuse werden, wenn sie alt und tatterig sind. Dann rennen wir gemeinsam frontal vor die Laternen. Das wird eine schöne Zeit.

»Das kann nicht gut gehen«, sagt Krause, nachdem er meine körpersprachlichen Versuche eine Weile geduldig beobachtet hat. »Deine Töchter haben recht. Du bist ein Körperklaus. Außerdem hast du Luna geschubst! Das ist tierschutzrelevant.«

Das hat mir gerade noch gefehlt. Der aufrechte deutsche Tierschützer ist vierundzwanzig Stunden täglich am Ball. Auf allen Kontinenten. Letzten Sommer erntete ich in der Provençe empörtes *»Tierquäler!«*-Gemurmel (auf Deutsch) und bitterböse Blicke (mehrsprachig), als ich meine aufgebrachte Diva auf einem engen Weg herzhaft in die Seite rempelte.

Ich weiß ja, dass es sensible Hunde gibt, deren unerwünschtes Verhalten mit einem Fingerschnipsen unterbrochen werden kann. Aber so einen habe ich nicht! Wenn Luna sich aufbaut, um einen brandgefährlichen, kastaniengroßen Yorkshire Terrier die Böschung hinunterzublasen, ist es mit einem SCHNIPS nicht getan. Ein SCHNIPS interessiert sie nicht, wenn Vorbereitungen zur Detonation getroffen werden. Ein SCHNIPS ist ein alberner Witz. Lunas Botschaft an den Schnipser lautet: Wenn du dich nicht bemerkbar machen kannst, Memme, dann bleib gefälligst hinter mir und halt's Maul!

Neulich habe ich gelesen, dass leichtes Zuppeln an der Leine in Wahrheit einem Leinenruck gleichkommt und den Hund bricht. Was für ein Unfug! Der stammt mit Sicherheit von den Leuten, die die Videos namhafter Hundetrainer in Slow-Motion nach brutalen Stellen durchsuchen. Sobald sich bei einer korrigierenden Berührung das Fell einen Millimeter verschiebt, gründen sie eine Protestgruppe auf Facebook und starten Onlinepetitionen.

Na und? Bei uns macht es eben ab und zu BOING statt SCHNIPS.

»*Schnips, kssst, boing, schschschhhh!* Alles Kokolores!«, doziert Krause unerbittlich. »Der Körperklaus wird vom Hund nicht als Persönlichkeit wahrgenommen. Der kann sich neben dem Hund in die Luft sprengen, das beeindruckt den nicht im Geringsten.«

Als er mein langes Gesicht sieht, legt er noch eine Schippe drauf. Das muss eine Berufskrankheit sein. Wenn der Hundehalter wimmernd am Boden liegt, drückt ihn ein echter Krause noch einmal herzhaft unter die Grasnarbe. Den Halter zusammenfalten und dann wieder aufbauen, so wird's gemacht.

In kritischen Situationen sei ich einfach zu langweilig für meine Hündin, sagt Krause. Ich solle verdammt noch mal ordentlich mit Fleischwaren aufrüsten und dann proaktiv in die Krisen hineingehen. Wenn Luna wegen anderer Hunde ausraste, dürfe ich sie auf gar keinen Fall deckeln. Das gäbe Triebstau. Nein, ich solle ihr stattdessen ein Alternativverhalten mit einer hochwertigen Belohnung anbieten. Zum Beispiel könne ich sie mit Futter vollstopfen, wenn sie ein angemessen entspanntes Verhalten an den Tag lege. Im Handumdrehen wären wir unser Problem los. Schon sehr bald werde Luna mit dem Anblick von Hunden nur noch Angenehmes verbinden.

»Das haben wir alles schon hinter uns«, winke ich ab. »*Wir fressen uns den Gegner schön* hieß damals das Motto. Ich hatte wochenlang die gute Hundeblutwurst vom Gruitener Metzger in der Jackentasche.«

Was war das damals für eine fettige Schweinerei! Wenn der Metzgermeister diese Wurst fertigte, ging es einigermaßen. Dann hatte sie die Konsistenz von fester Fleischwurst. Man konnte kleine Würfel daraus schneiden und dem Hund portioniert in den Rachen werfen. Aber wehe, der Lehrling musste ran an den Darm! Dann wurde Grütze aus der Komposition. Die ließ sich zwar auch würfeln, aber im Gegensatz zur Meisterwurst behielt ein Grützwurstwürfel höchstens eine Minute seine Form. Danach zerfiel er zu Brei.

»Das war jedes Mal ein furchterregender Anblick«, sage ich. »Für die anderen Hundehalter, meine ich. Da gingen diese Leute nichts ahnend mit ihrem Hund spazieren und sahen plötzlich einen tobenden Schäferhundmischling am Wegrand, dahinter einen Typen mit blutigen Fleischbrocken an den Fingern. Die haben mich angestarrt, als wäre ich der Leibhaftige. Ich hätte mir vielleicht noch mit der flachen Hand vor den Schädel schlagen, mit den Augen rollen und *Titanplatte-Funkstrahlung-Schmerzen-Schmerzen* stöhnen sollen. Das wäre mal ein stimmiger Gesamtauftritt gewesen.«

Die erschütterten Gassigänger machten auch ohne Augenrollen ganz große, schnelle Schritte. Dabei hätte ich ihnen doch so viel erklären wollen. Zum Beispiel, dass Luna gar nicht die Hündin von Baskerville sei, sondern eine Schmusebärin allererster Güte; dass sie draußen ausschließlich Schwächere vermöble und niemals Gero, den Rottweiler, weil sie keine Lust darauf habe, Prügel zu beziehen, sondern lieber selber welche verteile; dass wir weder die Weltherrschaft übernehmen wollten noch mit dem

Satan im Bunde stünden, und ob sie nicht einfach ein bisschen stehen bleiben und plaudern und mit uns üben könnten, es wäre wirklich wichtig, damit wir in Zukunft friedlicher … hallo, wo rennen Sie denn hin?

»Wir sind so gut wie nie zum intensiven Üben gekommen«, fasse ich meine Wurstwürfelerfahrungen zusammen. »Außerdem hat sich die Faszination ganz schnell wieder ausgeschlichen. Nach einer Woche war ich mit Wurst genauso uninteressant wie ohne. Luna hat wieder ihre Pöbelei durchgezogen, und ich stand wie Hein Blöd daneben.«

»Der Kardinalfehler war die Wurst«, sagt Krause und verpflichtet mich zu einer Gourmet-Trainingsrunde. »Wurst ist doch Allerweltsfressen. Du würdest ja auch keinen Handschlag tun, wenn es am Monatsende Monopoly-Geld dafür gäbe, oder? Das nächste Mal nimmst du Futter, das dich magnetisch macht. Ich sage nur: handgerollte Demeterfleischbällchen! Ich maile dir heute Abend das Rezept rüber. Kopf hoch! Das wird schon!«

Demeterfleischbällchen handgerollt

200 g Demeternassfutter (Pute, Karotte, Licht-Yams)
100 g Trockenfisch (EU-Bio)
60 g Paniermehl
10 g Algenkalk
2 alte Vollwertbrötchen
1 Glas Bio-Vollmilch
1 frisches Ei
Sesamöl

Die Vollwertbrötchen in der Milch aufweichen, mit Ei und Nassfutter vermengen und beiseitestellen. Trockenfisch im Mixer pulverisieren und mit Paniermehl und Algenkalk vermischen. Kleine Fleischbällchen formen, in Fischpanade wälzen und im Sesamöl ausbacken. Vorsicht! Öl nicht zu sehr erhitzen! Gegebenenfalls Brandmelder vorher deaktivieren.

Feinkostphase 1. Erster bis fünfter Tag

Ich wanke wie ein fleischgewordener Demeterfisch durch den Wald. Nicht nur, dass die Bällchen in meiner Jackentasche stinken wie die Pest, nein, auch die Jacke mieft – wie der Rest unseres Hauses vom Keller bis zum Dach – nach tranverseuchtem Sesamölqualm. In zehn Jahren hat mich mein Hund nicht so angehimmelt wie in diesen ersten Fleischbällchentagen.

Krause ist ein Gott!

Wir absolvieren eine friedliche Hundebegegnung nach der anderen. Luna interessiert sich nicht einmal für ihre schlimmste Feindin. Sie rennt am Garten der Kuvaszin vorbei, an mir klebend wie eine Klette, und kann nicht genug bekommen von den handgerollten Horsd'œuvres aus der Boucherie Dodillet. Das liegt daran, dass der Lehrling sie gemacht hat – also ich! Die Dinger sind nämlich auch Grütze. Ich hatte nur ein Brötchen. Der Fleischteig klebte von Anfang an nicht richtig zusammen. Ich kann die Bällchen nicht halbieren und schon gar nicht sparsam dosieren.

Ist das nicht wunderbar?! Die Hundeaugen leuchten begeistert. Eine fettige Hand voller Bällchenbrei nach der anderen. Bei jedem Hund, bei jeder Ente, bei jedem Grashüpfer.

Das Leben ist schön.

Am fünften Tag ist die Bällchenherausforderung bewältigt und kann final zu den Akten gelegt werden. Klops und Klopsautomat sind so langweilig wie das Fernsehprogramm bei Stromausfall. Der kleine Gisbert ist viel interessanter. Luna macht ihn nach allen Regeln der Kunst zur Schnecke.

Ich binde meine schäumende Kröte an den nächsten Baum und tröste den tapferen Kleinhund mit unseren beiden letzten handgerollten Demeterfleischbällchen. Er hat sie sich redlich verdient.

Feinkostphase 2. Sechster bis neunter Tag

»Für wen sind diese knusprigen Putenwürfel in der Pfanne?«, fragt Lotta, als sie mit einem Bärenhunger aus der Schule nach Hause kommt.

»Pfoten weg! Die sind für den Hund.«

»Der Speck auch?«

Töchter nerven.

»Ja, der Speck auch.«

Ich wickle einen hauchdünnen Streifen Parmaschinken um ein Geflügelstückchen, verknote ihn sorgfältig und platziere das Werk in einem Tupperdöschen, in dem schon fünfzehn weitere fertiggestellte Köder liegen.

»Krause hat gesagt, ich soll noch einen drauflegen, wenn die Demeterfleischbällchen nicht mehr verfangen«, erkläre ich. »Das sei wie beim Autofahren. Mit achtzehn macht ein Fiat noch Spaß. Aber irgendwann schlägt das Herz halt nur noch bei einem Maserati höher.«

»Aha!«, macht Lotta und schubst mit dem Finger die Fleischpäckchen hin und her. »Und diese Brocken da sind jetzt also der Maserati?«

»Genau.«

»Was kriegen deine Kinder zu essen, während unser Hund italienische Sportwagen frisst?«

»Marie und Max habe ich zehn Euro für die Frittenbude gegeben, und eine alte Pizza ohne Belag ist auch noch im Tiefkühlfach.«

Der Maserati macht seinen Job ausgezeichnet. Er lenkt ab und sorgt literweise für Freudensabber. Luna ist konditioniert bis in die letzte Geschmacksknospe ihrer langen rosa Zunge. Sie leckt sich ausgiebig die Lefzen, sobald sie einen anderen Hund erblickt. Was keineswegs zur Beruhigung der entgegenkommenden Hundebesitzer beiträgt. Ein siebenundsechzig Zentimeter hoher, vierzig Kilo schwerer Schäferhundkänguruhpumamischling, der sich saftig das Maul schleckt, wenn er einen kleinen Hund sieht, ist ein ausgezeichneter Grund, panisch nach Fluchtwegen zu suchen. Sie ahnen ja nicht, dass mein Hund nur an speckgewickelte Putenbrustwürfel denkt.

Feinkostphase 3. Zehnter bis millionster Tag

Warum überrascht mich das jetzt nicht? Luna hat sich an den Geschmack gewöhnt. Der Putenspeckbrustwürfel ist ihr so wurscht wie das Demeterfleischbällchen, so schnuppe wie der ofenwarme Leberkeks, so wumpe wie die selbst gestopften Kabeljauweißwürstchen und die handgemanschte Pommersche und das Rührei aus der Futtertube und der Seelachs in der Schnittlauchkruste. Die Gegner sind spannender, und Gegner sind alle, die mit Schwänzen wedeln, bellen und atmen. Luna regt sich auf wie immer. Alles ist beim Alten.

»Hm«, sagt Krause und kratzt sich ratlos am Kopf. »Wenn sie wieder ausflippt, war das Leckerchen nicht attraktiv genug. Vermutlich ist sie nicht so der Brat- oder Grilltyp. Obwohl … ich hätte schwören können, dass sie auf Röstaromen abfährt. Achtzig Prozent aller Schäferhunde stehen auf Röstaromen. Aber Schwamm drüber! Jeder kann sich mal irren. Wir werden es ab jetzt mit rohen Innereien versuchen, mein Lieber.«

Einen Teufel werde ich tun!

Ich habe einen viel besseren Plan.

Wir werden einfach meine Anspruchshaltung ändern.

Die bisherige Anspruchshaltung lautete in etwa so: »Da vorne ist ein kleiner Gisbert. Wir werden gesittet und ruhig an ihm vorbeigehen, wie es die moderne, pazifistische Gesellschaft von uns erwartet.«

Die Folgen dieses Denkens sind allseits bekannt: Hund hört nicht, ohrenbetäubende Pöbelei, Halter tobt, Hund tobt noch mehr, Nachbarschaft schüttelt mitleidig das Haupt, Halter zweifelt an seiner Kompetenz, Gesellschaft wendet sich ab, Isolation, Alkohol, Kopfweh, Verelendung.

Die neue Anspruchshaltung arbeitet mit einem ganz anderen Ansatz. Ab sofort erstarre ich bei Hundebegegnungen zur Salzsäule, deute mit zitterndem Zeigefinger nach vorne und sage: »Ich habe panische Angst vor diesem kleinen Gisbert. Schlage ihn in die Flucht!«

Und was soll ich sagen?

Mein Hund hört aufs Wort.

Ich habe mittlerweile mit meinen Töchtern gesprochen und bin mit meiner Lage einigermaßen versöhnt. Sie haben gesagt, ich solle doch froh sein, dass ich nur ein Körperklaus sei und keine Gesichtsgrätsche.

Das Haudrauf-Seelchen

Ginge es nach Luna, bräuchte es keine anderen Hunde zu geben. Leider gibt es sie, und daher muss man ihnen seit nunmehr elf Jahren aufs Maul hauen. Die aktuellen Mobbingwerte hängen im Wesentlichen von unserer Tagesform ab. Luna und ich befruchten uns gegenseitig. Wenn wir beide gut drauf sind, müssen nur dreißig Prozent der Hunde dran glauben. Ist Herrchen gut und Luna mies drauf oder Herrchen mies drauf und Luna gut, werden sechzig Prozent gehackt. Sind wir beide sauer, gehen neunzig Prozent aller Hundebegegnungen in die Hose.

Am liebsten sind mir Krauses, die bedeutungsschwanger nicken und therapeutisch geschult fragen: »Michael, mal ehrlich, fändest du es nicht auch viel schöner, wenn du endlich mal entspannt mit deinen Hunden spazieren gehen könntest?« Ich denke dann immer im Stillen, was für eine saublöde Frage, und antworte: »Gundula, mal ehrlich, fändest du es nicht auch viel schöner, wenn du endlich mal im Lotto gewinnen würdest?«

Das sind eben die Zeichen der Zeit. Früher hat sich kein Mensch um kloppende Hunde geschert. Heute darf das nicht mehr passieren. Heute müssen Hunde tiefenentspannt mit uns spazieren gehen. Sie sollen sich lieb haben und auf der Wiese lustige Spiele miteinander spielen. Friede, Freude, Hundekuchen! Natürlich gibt es immer ein paar missratene Exemplare, die den anderen prophylaktisch eins – oder auch zwei – auf die Glocke geben, weil sie nicht so gerne toben, ihr Gegenüber blöd finden, Eigenbrötler sind, schlechte Erfahrungen gemacht haben oder einfach nur mehr Platz um sich herum brauchen. Aus Gundulas Sicht ist ein derart asoziales Verhalten völlig untragbar.

»Hallo?«, schnauft sie empört. »Wie kann man nur wegen solcher Kleinigkeiten die Fassung verlieren?«

»Das verstehe ich auch nicht, du«, sage ich, obwohl ich genau weiß, dass Ironie an Gundula abperlt wie Rüdenpipi an ihrem Gummistiefel. »Ich habe doch auch nichts dagegen, wenn man mich ungefragt in eine Menschenmenge schubst oder wenn übel riechende Typen mir zu nahe treten. Am wohlsten fühle ich mich sowieso in Aufzügen, die fünfzehn Personen mehr enthalten, als offiziell zugelassen sind, und wenn das Klassenarschloch mir früher in der großen Pause die Fresse poliert hat, bin ich am nächsten Tag selbstverständlich gerne wieder zur Schule gegangen.«

»Eben!«, sagt sie. »Es geht doch.«

Ich weiß nicht, bei wem es geht. Bei Luna geht es ganz offensichtlich nicht. Sie gehört einfach nicht zu dieser Sorte gutmütiger Pazifisten, denen man ungestraft auf den Nerven herumtrampeln kann. Aber wozu gehört sie dann?

Wenn ich sie schon nicht vom Ausrasten abhalten kann, dann will ich sie wenigstens verstehen. Ich finde, das bin ich ihr schuldig.

Nadin Matthews bildet Krauses aus. Sie ist berühmt für ihren Umgang mit Raufern und hat einen Ruf wie Donnerhall. Offensichtlich hallt der so, dass der Raufer von selber kleine Brötchen backt, wenn er ihr zum ersten Mal begegnet. Luna jedenfalls blinzelt lieber harmlos summend in die Bad Oldesloer Sonne, als im Angesicht der Krausegöttin auszurasten.

»Das ist der Vorführeffekt«, tröstet mich Nadin.

»Pff!«, mache ich.

Wir gehen zu dritt spazieren. Nadin braucht genau zweihundert Meter, um zu sehen, wie subtil mich meine Hündin verlädt. Sie macht, was sie will, und mir fällt es nicht auf. Das rührt unter anderem daher, dass Luna sehr routiniert *Sitzplatzfußkommbleibhierpeng* abspult, wenn ich es wünsche. Woraufhin ich das beruhigende Gefühl habe, ich hätte das Sagen. Habe ich aber nicht! Wenn es darauf ankommt, zeigt sie mir die Mittelkralle.

Um dies zu ändern, bekomme ich Hausaufgaben. Nein, ich muss keine Putenherzen in einer reduzierten Wolfsbarsch-Consommé schmoren und mit Steinpilzgelee überziehen. Im Grunde geht es nur um Beziehungsarbeit. Luna und ich werden uns ab jetzt vor jedem Spaziergang kurz und intensiv über meinen Führungsanspruch unterhalten. In einer innigen Umarmung werden wir klären, wer in unserem Familienunternehmen der CEO ist und wer die Tippse. Wie das aussieht? Ich halte Luna vor dem Losgehen einfach eine Weile ruhig fest. Mehr nicht.

Anfangs ist die Kandidatin wibbelig und hart wie ein Brett. Je länger ich sie halte, desto weicher und durchlässiger wird sie. Schließlich seufzt sie gottergeben und lehnt sich an mein Bein. Das ist der Moment, wo sie begriffen hat: *Der Alte ist da, er ist hellwach* – UND VOR ALLEM IST ER KEIN WILLENLOSER SCHLAFFI, DEN MAN AM ENDE DER LEINE HIN UND HER SCHLENKERN KANN, WIE ES EINEM GERADE PASST! Nach diesem Zielvereinbarungsgespräch, das je nach Hundestimmung auch länger als fünf Minuten dauern kann, wandern wir los.

Es funktioniert auf Anhieb hervorragend. Ich werde sofort misstrauisch! Die handgerollten Demeterfleischbällchen haben anfangs auch gute Arbeit geleistet. Aber nein, die Wirkung hält an. Allein die Tatsache, dass ich einen aufmerksam auf mich achtenden

Hund neben mir habe, bewahrt uns vor unschönen Szenen. Gelegentlich vergisst Luna in einem Anfall retrograder Amnesie, wer genau jetzt noch mal der CEO war. In diesen Fällen gibt es mit zwei Fingerchen einen kleinen Tick auf die Schulter. Der bedeutet: *Huhu, bleib aufmerksam! Ich bin geistig und körperlich immer noch anwesend und passe auf!* Ein bisschen erinnert mich unser Spaziergang an jenen Sketch, in dem Loriot nicht dazu kommt, eine Kalbshaxe Florida zu verzehren, weil immer einer dämlich dazwischenquatscht.

Luna rennt stumpf an mir vorbei.

TICK! »Schmeckt's?«

Luna nimmt Gisbert ins Visier.

TICK! »Ist das der Lammsattel mit Püree?«

Luna stellt beim Anblick von Wolfi nicht nur neunzigtausend Nackenhaare auf, sondern auch alle anderen zur Verfügung stehenden fünfundachtzig Millionen.

TICK! »Entschuldigen Sie, sind Sie Professor Dollinger?«

Ich bin begeistert. Professor Dollinger weniger. Nach einer halben Stunde will meine getickte Hündin heim. Missmutig trabt sie neben mir her. Hätte sie Daumen, um den Computer zu bedienen, reichte sie wahrscheinlich umgehend Klage ein wegen unbefugter Einschränkung des Demonstrationsrechts in Tateinheit mit Unterdrückung der im Grundgesetz verankerten Meinungsfreiheit.

Mein persönlicher Plan sieht vor, dass ich in naher Zukunft nur noch die Stirn runzeln muss, damit Luna ihren Unfug sein lässt. Nadin weiß noch nichts davon.

Bei unserem nächsten Treffen geht es gar nicht um den Hund. Es geht um mich. Oder vielmehr um meine gespaltene Persönlichkeit. Nachdem Luna im Angesicht der üblichen Verdächtigen – Gisbert, Nelly, Wolfi – gleich drei Tobsuchtsanfälle hintereinander erleidet, will Nadin von mir wissen, wie es währenddessen eigentlich in mir aussieht. Gute Frage!

Nach einer Stunde bohrenden Forschens komme ich summa summarum auf dreizehn Persönlichkeiten, die mehr oder weniger präsent sind, wenn Luna und ich uns im Nahkampf befinden. Eine wie die andere versehen mit einer deutlich vernehmbaren Stimme, die sich in meinem Inneren meldet. Alle dreizehn quatschen munter durcheinander.

Da wäre zum Beispiel der Energische. Der bläst sich in diesen Situationen mächtig auf und donnert: »Jetzt ist aber Schluss mit dem Getöse!«

Leider kann er nicht eingreifen, weil er vom Analytiker professionell ausgebremst wird. Der putzt in aller Ruhe seine Brille und doziert nachdenklich: »Gut, sie macht das jetzt wahrscheinlich, weil Gisberts Haltung einen Hauch von Unterwürfigkeit ausdrückt, und wir wissen aus Erfahrung, dass Unterwürfigkeit Luna noch mehr reizt, die Schilddrüsenwerte müssten auch mal wieder untersucht – – –«

Weiter kommt er nicht, weil ihn der Wütende rabiat beiseiteschiebt und krakeelt: »Wenn diese Grützwurst von Gisbert noch einmal so saublöd in uns reinrennt, leine ich hier GLEICH MAL VIERZIG KILO ROTTWEILERMISCHLING AB UND LASSE DAS MONSTER DIE GANZE NUMMER ALLEINE REGELN, MEINETWEGEN AUCH FINAL, VERDAMMTE SCHEISSE NOCH MAL!«

Hinter ihm greint der Harmoniesüchtige: »Muss denn immer alles so … können wir nicht einfach mal friedlich … alle so erregt hier … das ist … ich meine, ich will doch nur meine Ruhe haben.«

Der Hundelärm wird immer lauter. Die ersten Fenster gehen auf. Der Bescheidene tritt auf. Die Szene bereitet ihm körperliche Schmerzen. Er windet sich und flüstert: »Ich möchte nicht schon wieder im Mittelpunkt stehen. Bitte, bitte nicht!«

Das ist der Moment, wo der Souveräne nach vorne tritt und mit sonorer Stimme spricht: »Lassen Sie mich durch. Ich regle das schon.«

Dummerweise kommt er nicht zum Zug, weil ihm gleich vier Weicheier den Wind aus den Segeln nehmen: der Ratlose, der Frustrierte, der Angepasste und der Konfliktscheue. Sie treten meist gleichzeitig auf.

Der Ratlose sitzt ihm im Nacken und sagt: »Ähmnä, tja … und jetzt?«

Der Frustrierte jammert dazwischen: »Warum sind immer die anderen die Guten und wir nie?«

Der Angepasste schließt sich an: »Was denken die alle bloß von mir?«

Der Konfliktscheue entschuldigt sich überschwänglich bei allen Betroffenen und übernimmt schon mal vorsorglich sämtliche Tierarztrechnungen.

Untätig tritt der Souveräne zurück ins Glied, wo er vom Fachidioten freudig begrüßt wird. »Wissen Sie«, raunt der Fachidiot. »Ich habe bei Klickmann-Bröselhans gelesen, dass in dieser Situation ein Eingreifen sowieso grundverkehrt wäre, weil es den Erregungslevel des Hundes so weit anhebt, dass ein positiv zu bestätigendes Verhalten gar nicht erst gezeigt werden kann.«

Der Manager schaut sich alles prüfend an und kratzt sich am Kopf: »Die Kuh muss vom Eis. Irgendjemand sollte hier Schadenbegrenzung betreiben, sonst heult noch einer.«

Während dessen räkelt sich der Stolze im Liegestuhl, denkt an den unverschämten Drängler neulich an der Supermarktkasse und murmelt: »Hau rein, Luna-Babe! So direkt und unmissverständlich wie du wäre ich auch gern im Konflikt.«

In Gedanken stelle ich meine dreizehn plappernden Bewohner im Halbkreis auf. Je nachdem, wer von ihnen die Führung übernimmt, gehen Lunas Keilereien gut oder schlecht aus. Der Souveräne oder der Ratlose? Das hängt vom Zufall oder meiner Tagesform ab. Verlässlichkeit sieht anders aus.

»Kein Wunder, dass ich nichts gebacken kriege«, sage ich nach einer Weile zu Nadin. »Dreizehn innere Stimmen! Bei dem Lärm kann sich ja keine Sau aufs Deeskalieren konzentrieren.«

»Welcher von den dreizehn möchtest du denn sein?«, fragt sie nur.

»Keiner von denen«, sage ich. »Ich möchte der Ruhige sein.«

»Dann lass uns etwas Ruhiges überlegen«, nickt Nadin. »Das passt sowieso besser zu dir.«

So geschieht es dann auch. Da Luna das Festhalten schon vom Start des Spaziergangs kennt, soll genau das unsere Managementmaßnahme für den Notfall sein. Ich werde meinen Hobby-Atompilz bei Hundebegegnungen einfach festhalten und mich gar nicht weiter aufregen.

In meinen Dilettantenpfoten mutiert Nadins sanfter Beruhigungsgriff zwar zum Schwitzkasten, aber sei's drum. Hauptsache, wir kommen in Zukunft ohne Geschrei aus der Situation. Noch während Luna im Angesicht des Feindes Luft einsaugt und pulmonal in Dynamit umwandelt, werde ich sie behutsam an meine Seite nehmen und mit der ganzen Fürsorge und Zärtlichkeit umarmen, zu der ich nach elf Jahren Zoff und Schlägerei noch fähig bin. Gut, dass Luna kein dünnhäutiges Viszlaweib ist, sondern drei Kilo Schwarte am Hals hängen hat. Diese werde ich so mit meiner linken Faust verschmelzen, dass sich die widerspenstige Zickenbirne keinen Millimeter mehr bewegen kann.

Dazu werde ich freundlich lächeln und meinem erschütternden Gegenüber beruhigende Sätze zuwerfen.

»Passirnse ruch«, werde ich sagen. *»Kne Ngst. Chabalsimgrff.«*

Danach darf ich unter das Sauerstoffzelt und werde mit einem Snickers positiv bestärkt.

»Du solltest bei Gelegenheit mit Luna eine gute Raufergruppe besuchen«, sagt Nadin eines Tages. »Damit du deine Hündin mal wieder in anderen Zusammenhängen erlebst. Die hat ja seit Monaten nicht mehr mit Hunden kommuniziert.«

»Und der da?«, frage ich und deute auf Wiki, der gerade ein Loch in den Rasen gräbt und hineinfaucht wie Frau Mahlzahn. »Sie hat vierundzwanzig Stunden pro Tag diesen Halbwahnsinnigen um sich herum. Die beiden unterhalten sich auch ab und zu.«

»Das ist etwas anderes«, sagt Nadin. »Die kennen sich in- und auswendig. Jeder hat seine Lösungsstrategien entwickelt. Deshalb kommen sie die meiste Zeit gut miteinander aus. Da lernt Luna nichts mehr. Es geht um die Begegnung mit fremden Hunden. Auch mit solchen, die genauso drauf sind wie Luna. Gewöhn sie schon mal an einen Maulkorb.«

MAULKORB??? Ich werde blass.

Für Hundetrainer ist ein Maulkorb ein unspektakuläres Werkzeug: Korb drauf, Klappe zu, keiner blutet, wunderbar! Weichgespülte Familienhundebesitzer wie ich haben den Maulkorb jedoch mit einer Emotionalität aufgeladen, die ihm nicht gerecht wird. Jetzt auch noch der Maulkorb, denken wir. So weit ist es also mit uns gekommen. Das Ding wirkt barbarisch. Der Hund sieht aus wie Hannibal Lecter. Ein Maulkorb ist für uns das öffentliche Eingeständnis hundehalterischen Totalversagens. Ein Maulkorb bedeutet: *Mein Hund ist aggressiv! Er tut anderen weh, und ich kann das nicht unterbinden!* Nach dem Maulkorb kann eigentlich nur noch die Euthanasie kommen.

Kommt aber nicht. Was kommt, ist eine Einladung in Nadins Fight Club. Bei diesem Seminar ist Maulkorb zwei Tage lang Pflicht. Wir sind noch keine Minute auf dem Platz, da treffen sich Luna und Dascha, ein monumentales Schlittenhundweib, zum Ringelpiez mit Anfassen. Die beiden können sich auf Anhieb nicht ausstehen. Fünfzehn Sekunden lang fliegen die Fetzen. Wenn man als Hundehalter daneben stehen und entspannt Däumchen drehen soll, sind fünfzehn Sekunden trotz Maulkorbabsicherung eine sehr, sehr lange Zeit.

Im Wesentlichen geht es um Weltfrieden und um Kerle. Gewonnen hat keine. Aber offenbar ist alles besprochen, was es zu besprechen gab. Für den Rest des Seminars lassen sich die beiden in Ruhe. Es sind sogar Spaziergänge an einer gemeinsamen Leine möglich. Nicht weil Weltfrieden überschätzt wird und die meisten Kerle sowieso scheiße sind, sondern weil beide Hündinnen zum ersten Mal am eigenen Leib erlebt haben, dass es ein Leben nach dem Konflikt gibt. Im Alltag werden sie immer geblockt, bevor die Auseinandersetzung beginnt.

Dank des Maulkorbs trabt Luna zum ersten Mal seit sieben Jahren wieder leinenlos auf eine Hundewiese. Zum ersten Mal, seit sie für neunhundertachtzig Euro und fünfundvierzig Cent einen Schäferhund verdroschen hat, beobachte ich eine sich anbahnende Hundebegegnung ohne Schnappatmung. Ich sehe Luna nicht wie sonst im Zusammentreffen mit ausgesuchten schmerzfreien Kandidaten, sondern gemeinsam auf einem Platz mit einem willkürlich zusammengewürfelten Haufen unbekannter Hunde.

Ich erlebe meine aus nichtigstem Anlass aufbrausende Zimtzicke auf einmal in Momenten großer Souveränität. Sie nimmt von selbst den Dampf aus sich anbahnenden Konflikten. Sie lässt sich nicht provozieren. Als eine junge Rottweilerin sie zu Boden zwingt und eine Minute lang mit starrem Blick dominierend über ihr steht, rührt sie sich nicht. Es sieht wie Unterwerfung aus, ist im Grunde aber nur ausgesprochen kluges Verhalten. Ich bin elf und du bist vier, denkt Luna, da mache ich jetzt besser keine große Welle. Im Gegensatz zu uns Menschen bricht einem Hund beim Nachgeben kein Zacken aus dem Krönchen. Als die Rottweilerin zufrieden weggeht, steht Luna auf und schüttelt ihr dickes Fell. Freundinnen werden sie nicht mehr in diesem Leben. Aber eine Wiese teilen, ohne sich gegenseitig zu zerfleischen, ist ab sofort möglich.

Nach Klärung weiterer Grundsätzlichkeiten mit Paul, Paco, Pepito und Saran schläft Luna während der Abschlussbesprechung in einem großen Kreis von fünfundzwanzig Hunden und Menschen einfach ein. Direkt neben Dascha! Das rührt mich zu Tränen.

Maulkörbe sind ein Segen. Man sollte ihnen einen Altar aus Feldfrüchten errichten und sie anbeten.

Mit seinem Raufer eine professionell geführte Raufergruppe zu besuchen, um sich selbst ein Bild zu machen, ist eine gute Idee. Sich vorher in Internetforen über Raufergruppen zu informieren eher nicht. Raufergruppendiskussionen laufen meist nach dem gleichen Prinzip ab. Die ersten zehn Kandidaten fragen sich und alle anderen unverdrossen, was denn um Himmels willen bloß eine Raufergruppe sei, kommen nicht dahinter, lehnen sie aber auf jeden Fall streng ab. Nummer elf bringt schließlich Licht ins Dunkel.

Hundeforum > Erziehung & Verhalten > ***Was haltet ihr von Raufergruppen?***
Heute 19:23 brummerbruno #11
Es gibt gute und schlechte Raufergruppen. In schlechten Raufergruppen knallen die Hunde konzept- und führungslos aufeinander. In guten Raufergruppen hingegen ...

... es folgt eine dezidierte Beschreibung vom Aufbau einer sinnvollen Raufergruppe, in der jeder Hund individuell betrachtet und geführt wird, sowie ein Link zu einem informativen Fachaufsatz. Den liest nur keiner. Es wird sowieso wenig gelesen in Foren. Stattdessen wird lieber beseelt in die Tastatur gehämmert.

Hundeforum > Erziehung & Verhalten > ***Was haltet ihr von Raufergruppen?***
Heute 19:42 Blümchen #12
brummerbrummi hat recht. Ich finde Raufergruppen auch blöd, weil da alle Hunde konzept- und führungslos aufeinanderknallen.

So ungefähr ab der fünften Klasse gibt es im Deutschunterricht Übungen, die dem Textverständnis und der Lesekompetenz dienen. Meist müssen im Schweiße des Angesichts Zusammenfassungen, Inhaltsangaben oder Charakterisierungen erstellt werden. Wenn man die Hausaufgaben immer nur vom Nachbarn abschreibt, ist es kein Wunder, dass es dreißig Jahre später zu kommunikativen Katastrophen kommt.

In diese Rubrik gehört auch die beliebte Einstiegsformulierung

»Ich habe jetzt nicht alles gelesen, aber …«, die spätestens ab Posting Nummer fünfzig von Neuankömmlingen bevorzugt verwendet wird.

Hundeforum > Erziehung & Verhalten > ***Was haltet ihr von Raufergruppen?***
Heute 22:18 Bambi #51
Ich habe jetzt nicht alles gelesen, aber ich finde Raufergruppen blöd, weil da alle Hunde konzept- und führungslos aufeinanderknallen.

Nach ähnlichem Muster verläuft in diesen Threads die Aufklärung jener Forenhelden, die grundsätzlich nur die erste und letzte Seite einer Diskussion lesen und daher nicht in den Genuss von Beitrag Nummer elf kommen.

Hundeforum > Erziehung & Verhalten > ***Was haltet ihr von Raufergruppen?***
Heute 22:48 Miri #76
Hallo? Kann mir mal jemand erklären, was Raufergruppen sind?

Hundeforum > Erziehung & Verhalten > ***Was haltet ihr von Raufergruppen?***
Heute 22.50 Lumpi&Gerda #77
Ja, Raufergruppen sind blöd, weil da alle Hunde konzept- und führungslos aufeinanderknallen.

Hundeforum > Erziehung & Verhalten > ***Was haltet ihr von Raufergruppen?***
Heute 22:52 Miri #78
Gut, dann finde ich Raufergruppen auch blöd.

Irgendwann vor Mitternacht meldet sich Nummer elf wieder und tippt ihren Frust in die unendlichen Weiten des Internets:

Hundeforum > Erziehung & Verhalten > ***Was haltet ihr von Raufergruppen?***

Heute 23:49 brummerbruno #131

Wozu schreibe ich den Summs eigentlich auf, wenn ihn keiner von euch liest? Da kann ich ja gleich über das Liebesleben der Nacktschnecke unter Berücksichtigung des frühsommerlichen Gladiolenbeschnitts referieren.

Da ich zu den Blauäugigen gehöre, die in Internetforen schon des Öfteren wegen leichtsinniger Bemerkungen wie *»Ich finde Barfen kompliziert und Trockenfutter gar nicht so schlecht«* oder *»Ab und zu befestige ich die Schleppleine auch mal am Halsband«* geteert und gefedert wurden, dachte ich, ich hätte in puncto Verbohrtheit und chronischer Horizontverengung schon alles erlebt.

Da kannte ich Facebook noch nicht.

In der Facebook-Gruppe *Trainieren statt Dominieren* rätseln die Damen und Herren – nicht wenige unter ihnen Hundetrainer – siebzig Einträge lang vergeblich, was denn eine Raufergruppe wohl sein möge. Sie kommen unter anderem deswegen nicht darauf, weil ein zur Aufklärung beitragender Artikel nicht gelesen werden darf, da der Autor im Verdacht steht, seine Hunde zu schubsen. Der Link wird vom Admin umgehend gelöscht.

ADMIN Weil wir genau darüber NICHT diskutieren wollen!!!
Gefällt mir · 19 · 8. April um 18:16

GUN DULA Finde raufergruppen in sich schon sowas von unlogisch vom theoretischen standpunkt aus dass ich persönlich keine empirie brauche.
Gefällt mir · 14 · 8. April um 18:18

HEINZ TRULLA Wie geht denn Raufergruppe?
Gefällt mir · 1 · 8. April um 18:18

GUN DULA da nimmst ein eingezäuntes gelände schmeißt mehrere artgenossenaggressive Hunde über den zaun alle bemaulkorbt und lässt die eine stunde lang sich selbst therapieren so ähnlich wie in einem knast nur ohne justizwache.
Gefällt mir · 17 · 8. April um 18:27

Ich kann gut damit leben, wenn ein Hundehalter mit seinem braven Röschen lieber eine stressarme Spielgruppe aufsucht und weiter an seinen Vorurteilen gegenüber Raufergruppen festhalten möchte. Aber es verblüfft mich doch, wenn Trainer ihren Tunnelblick pflegen, anstatt sich mit den vielseitigen Aspekten ihres Berufes auseinanderzusetzen. Man muss Raufergruppen noch lange nicht gut finden. Aber man sollte zumindest wissen, was gute Raufergruppen können und welche Möglichkeiten es gibt. Ich finde Grillen per se ja auch nicht doof, nur weil mein Nachbar dabei jedes Mal drei Schnitzel verbrennt.

Raufergruppen sind die hohe Kunst des Hundetrainings. Die Trainer brauchen ein unglaubliches Bauch- und Fingerspitzengefühl. Sie dürfen nur ganz filigran in die Aktionen eingreifen. Sie müssen in Echtzeit Nuancen des Hundeverhaltens erkennen, die andere nicht einmal in der Zeitlupe sehen. Das kann man kaum lernen. Man hat es drauf oder nicht. Deshalb gibt es so viele Raufergruppen, die kontraproduktiv sind. Sie sind gedankenlos zusammengestellt und werden unaufmerksam begleitet.

Dort lernen Hunde, sich wie gewohnt durchzusetzen und die Blödmänner zu bleiben, die sie schon immer waren.

BOING! SCHNAPP! Der Nächste bitte!

Eine konzeptionell gut geführte Raufergruppe hingegen bedeutet Schwerarbeit für die Hunde. Viele Raufer haben seit Langem keinen Kontakt mehr zu anderen Hunden. In einer stimmigen Gruppe lernen sie wieder, wie es ist, von anderen Hunden gesehen, ignoriert, akzeptiert oder begrenzt zu werden. Sie erleben sich selbst in völlig neuen Zusammenhängen und stellen fest, dass man sich kloppen und hinterher dennoch in gegenseitigem Respekt koexistieren kann.

»Wir zwei hier auf derselben Wiese?! Wahnsinn!«

Es berührt mich sehr, wenn ich sehe, was für labile Seelchen diese ach so gefährlichen Hunde in Wirklichkeit sind. Wie schwer sie atmen unter der Last des Sich-verzweifelt-um-jeden-Preis-durchsetzen-Müssens. Wie erleichtert sie reagieren, wenn sie diesen Job endlich los sind. Den nimmt ihnen übrigens nicht der Mensch ab, sondern das stimmige Hundeumfeld.

Überhaupt der Mensch! Jedem, der nicht gerade Tomaten auf den Augen hat und einigermaßen Hunde lesen kann, muss das Herz aufgehen, wenn er sieht, wie fein eine Hundegruppe – selbst die allerschlimmsten Haudegen – untereinander kommuniziert; wie eine Gruppe Stimmungen aufnimmt; wie sie sich verändert, je nachdem, wer dazustößt; wie sie fröhlich auseinanderstiebt, wenn eine Spielbiene hineinprescht, oder buchstäblich erstarrt, wenn ein Macho daherstakst; wie sie Neuankömmlinge abklopft, wie sie sie aufnimmt und was daraus entsteht.

Es ist faszinierend, wie klar Hunde im Guten wie im Schlechten miteinander umgehen, und ein bisschen peinlich, wie grobmotorisch wir Menschen neben ihnen herumeiern. Die Hunde müssen doch an uns verzweifeln: an unserer Stimmlage, an unserer

Körpersprache, an unserer Indifferenz, an unserer Entscheidungslosigkeit.

Ich bewundere Hunde für die Präzision ihrer Ansagen, für ihre Durchsetzungsstärke, für ihre Konsequenz, für ihre Wahrnehmung auch der allerkleinsten Regungen. Sie haben Menschen verdient, die ihnen mit der gleichen Klarheit begegnen. Angesichts ihrer herausragenden Kommunikationsfähigkeiten wirkt es geradezu lächerlich, wenn der Mensch Trainingstechniken entwickelt, die den hirnrissigen Zweck verfolgen, Hunde mehr oder weniger stressfrei aneinander vorbeizumanövrieren. Um Kontakt oder eventuelles Aufbrausen von vornherein zu unterbinden, wird FUSSS gezischt, mit Futter getrieben, intermediär herumgelalalat, der Blick geklickt, am Stachler gerissen, FEIIIIN gezwitschert oder ein sogenannter Geschirrgriff konditioniert. Wie können wir grobmotorischen Trottel uns überhaupt anmaßen, die Führung in einem solch nuancierten Kommunikationsprozess übernehmen zu wollen? Dass sich unsere Hunde nicht totlachen und uns in den Hintern beißen, damit wir endlich Ruhe geben, ist ihnen hoch anzurechnen.

Habe ich erwähnt, dass Raufergruppen Seelenbalsam für Halter von emotionsflexibel veranlagten Andersbefähigten sind? Wie schön – hier haben alle einen Maulkorb. Wie beruhigend – dein Hund ist auch ein Arsch. Wie erholsam – eine Klopperei ohne fünfundzwanzig zeternde Hundebesitzer im Nacken.

Noch balsamiger wird es übrigens, wenn man dabei auf Hundetrainer trifft, die selber einen Raufer besitzen. Die freimütig gestehen, dass sie alle Kundenhunde souverän im Griff haben, aber beim eigenen Schläger leider völlig zusammenklappen und nicht mehr kühler Profi sind, sondern nur noch emotionsgeladener Mensch.

Bei denen würde ich sofort einen Kurs buchen! Die haben

geblutet, die haben gelitten, die sind so mürbe wie ich. Denen muss ich gar nicht mehr sagen, wie ich mich fühle und warum ich nichts auf die Kette kriege. Das kann nur gut werden.

»Das war eine sehr schöne Erfahrung«, sage ich. »Danke.«

»Gern geschehen«, sagt Nadin, während sie ihre bunten Plastikgießkannen einsammelt. Ab und zu kommt es vor, dass sich zwei Kontrahenten während eines Seminars länger ineinander vergraben, als ihnen guttut. Um sie zu trennen, knallt Nadin zwei Kannen zusammen. Der Donner unterbricht alles. Die blauen Kannen sind für die Herren, die rosafarbenen für die Damen.

»Im theoretischen Teil hätte ich mir noch paar Tipps für die psychologische Kampfführung gewünscht«, sage ich. »Zum Beispiel, was ich machen kann, wenn mich im Wald diese Gundula wieder anpampt, ich solle gefälligst meinen aggressiven Hund erziehen.«

»Das ist ganz einfach«, sagt Nadin. »Du drückst ihr deine Leine in die Hand und sagst mit schütterer Stimme: Sie haben recht. Ich kann nicht mehr. Nehmen Sie ihn!«

»Und dann?«

»Dann gehst du weg.«

Die Gundula-Verschwörung

Was du hörst:
»Yappa-yappa-yappa-yappa-yappa-klick!
Tüchtich, Adhiambo-Ebony, tüchtiiich!«

Was du sagst:
»Das ist jetzt also, hrm, ein doppelter Rückruf?«

Was du denkst:
In manchen Kliniken kriegt man schon
wegen weit harmloseren Ausrastern
zehn Milligramm Haldol verschrieben.

Wenn Gundulas freudig den Sex abbrechen

Mitten im Hildener Stadtwald, wo sich die Wege kreuzen, die zum *Pfannkuchenhaus* und zu den *Zwölf Aposteln* führen, steht eine rothaarige Frau mittleren Alters und singt einen unverständlichen Text in die Bäume. Eine mit siebenundzwanzig Hosentaschen bestückte Trekkingbermudas, die großvolumige Werkzeugtasche um den Bauch und mehrere bunte Leinen über der Schulter weisen sie als Hundehalterin aus. Sicherheitshalber steige ich vom Fahrrad und fasse Luna und Wiki kürzer.

»Yappa, yappa!«, trällert die Frau mit lauter Stimme. *»Yappa, yappa, yappa!«*

Offensichtlich heißt ihr Hund Yappa.

»Alles in Ordnung?«, frage ich besorgt.

»Yappa, yappa, yappa!«, sagt die Rothaarige. »Ich rufe meine Adhiambo Ebony. *Yappa, yappa, yappa, yappa!«*

Ich sehe mich nach allen Seiten um, entdecke aber weit und breit keinen Hund.

»Yappa kommt nicht«, sage ich.

Die Frau bricht ungehalten ab und raunzt mich an: »Das liegt daran, dass Sie gerade eben mein Ankersignal unterbrochen haben.«

»Verzeihung«, sage ich. »Das wusste ich nicht. Was ist ein Ankersignal?«

»So etwas Ähnliches wie eine intermediäre Brücke«, orakelt sie und taxiert mit kritischem Blick meine mit groben Halsbändern bestückten Hunde. In ihren Augen scheine ich nicht den Hauch einer Ahnung von Hundeerziehung zu haben.

Habe ich ja auch nicht.

»Meine Hündin und ich, wir arbeiten mit dem doppelten Rückruf«, erklärt sie forsch. »Als Erstes kommt das Umorientierungssignal. Ich rufe *Yuhuuu*. Wenn die Kimbaly das hört, dreht die Kimbaly um und läuft auf mich zu. Während sie das tut, bestärke ich sie positiv mit dem Ankersignal *Yappa Yappa* – und zwar so lange, bis die Kimbaly bei mir ist. *Yappa Yappa* sagt ihr, dass sie es gut macht. Das ist, wie wenn Sie beim Topfschlagen immer *warm warm heiß heiß* sagen. Wenn die Kimbaly schließlich vor mir sitzt, bestätige ich sie mit dem Markerwort *Klick*. Danach gibt es zur Belohnung ein Stückchen Wurst.«

»Ist das alles nicht sehr kompliziert?«, frage ich und überlege krampfhaft, vor wie vielen Jahrzehnten ich zum letzten Mal Topfschlagen gespielt habe. »Ich rufe immer *Hier!*«

»*Hier* steht nicht im Einklang mit den modernen lerntheoretischen Erkenntnissen, die in der Hundeerziehung mittlerweile gelten«, unterweist mich die Frau energisch. »Das Ankersignal *Yappa Yappa* ist ein tertiärer Verstärker, der einen sekundären Verstärker – das Markerwort *Klick* – ankündigt, der seinerseits einen primären Verstärker ankündigt, nämlich die Belohnung, also die Wurst.«

Mir schwirrt der Kopf. Das klingt wie eine Doktorarbeit.

»Wir rufen aber immer noch einen Hund?«, frage ich.

Die Frau schaut mich pikiert an. Luna stellt die Ohren auf. Aus der Schonung trottet ein Rhodesian Ridgeback auf uns zu. Vor lauter orangefarbenen Geschirrgurten sieht man den Hund kaum.

»Sehen Sie, es funktioniert«, strahlt die Frau. *»Yappa, yappa, yappa!«*

Ich habe meine Zweifel, sage aber lieber nichts. Die Ridgeback-Hündin sieht aus, als hätte sie alles gehetzt, erlegt und erledigt, was heute gehetzt, erlegt und erledigt werden muss, und wollte jetzt nach getaner Arbeit wissen, ob ihre Alte noch am Waldrand steht und jodelt. Sie schlurft zu Frauchen, setzt sich und wartet auf ihre Wurst.

»Klick!«, freut sich die Frau und stopft Lyonerstückchen in den Hund.

Wiki erinnert sich rechtzeitig an seine chronische Beuteaggression. Er stellt die Nackenhaare hoch und fletscht die Zähne. Luna steht bereits seit geraumer Zeit auf zwei Beinen und lärmt. Ihr geht es nicht um die Wurst, sondern ums Prinzip.

»Das hat fast drei Minuten gedauert«, sage ich, nehme meine Leinen fester in die Hand und trete fünf Schritte zurück. »Drei Minuten allein im Wald!? In dieser Zeit hätten meine Hunde zwei Kaninchen umgebracht, filetiert, in Senf-Rosmarin-Balsamico mariniert und bei achtzig Grad *sous vide* gegart.«

»Seien Sie doch still!«, faucht die Dame. »Mit Hundehaltern, die Fahrradleinen an einem Halsband befestigen und nicht an einem Geschirr, rede ich gar nicht. Es gibt Studien über Wirbelsäulenschäden durch Halsbänder. Wahrscheinlich tut dem kleinen Hund jetzt schon alles weh. So, wie der die Zähne fletscht, muss der wahnsinnige Schmerzen haben.«

»Der hat keine Schmerzen«, sage ich. »Der hat einen Nacken wie Mike Tyson und stammt zu einem Drittel aus einer ganz harten Linie. Seine Großeltern trugen Kevlarwesten und haben rauschige Wildsauen gerissen.«

Wiki sieht wirklich nicht aus, als hätte er es an den Bandscheiben. Im Gegenteil, er zeigt seine kerngesunde Ich-reiß-dir-gleich-die-Wurst-aus-der-Schnauze-du-rhodesischer-Penner-Haltung. Um ihn herum brennt die Luft.

»Man sollte Sie anzeigen, Sie … Sie … Unmensch!«, zischt die Rothaarige und geht weiter. Über die Schulter ruft sie mir zu:

»Lesen Sie gefälligst mal ein paar Bücher über gewaltfreie Hundeerziehung. Wir leben nicht mehr im Mittelalter.«

Mit dem Mittelalter hat Frau Yappa recht. Gelobt sei die Neuzeit! Man muss nicht gleich Hunderte von Talern für gutenbergsche Druckerzeugnisse ausgeben, sondern kann erst mal ausgiebig und kostenlos *Hund Erziehung Gewalt frei* googeln. Die Bandbreite an Informationen, die ich während nur eines winzigen Tässchen Kaffees freilege, ist beeindruckend. Das Spektrum derer, die gewaltfreie Hundeerziehung für sich reklamieren, reicht von einem beschaulichen »Ich gebe meinem Hund keine Kommandos, sondern richte Wünsche an ihn, dann ist es nicht so schlimm, wenn er sie nicht befolgt« bis zu einem pragmatischen »Erst mal mit der Schaufel auf den Mali hauen und dann eine halbe Stunde in der Sonne liegen lassen«. Es sieht ganz danach aus, als definierte jeder Gewalt anders. Ein zarter Hauch von Wahnsinn scheint aber alle Stirnen zu umwölken.

Hundeforum > Erziehung & Verhalten > ***Erzieht ihr wirklich gewaltfrei?***

Heute 12:48 Schmusebacke #789

Für mich ist schon ein Abbruchsignal Gewalt am Hund :o)

Hundeforum > Erziehung & Verhalten > ***Erzieht ihr wirklich gewaltfrei?***

Heute 12:50 Zuchtgünter #790

Ein was???

Hundeforum > Erziehung & Verhalten > ***Erzieht ihr wirklich gewaltfrei?***
Heute 12:53 Schmusebacke #791
Ein lautes NEIN zum Beispiel :o/

Hundeforum > Erziehung & Verhalten > ***Erzieht ihr wirklich gewaltfrei?***
Heute 12:55 Zuchtgünter #792
Was machst du, wenn du ins Zimmer kommst und zwei deiner Hunde kloppen sich?

Hundeforum > Erziehung & Verhalten > ***Erzieht ihr wirklich gewaltfrei?***
Heute 13:01 Schmusebacke #793
Dann frage ich mich als Erstes, was ich falsch gemacht habe, dass die zwei kämpfen :o(

Hundeforum > Erziehung & Verhalten > ***Erzieht ihr wirklich gewaltfrei?***
Heute 13:02 Zuchtgünter #794
WTF???

Während Zuchtgünter noch überlegt, ob Nachdenken das neue Nein ist und Hunde sofort mit der Schlägerei aufhören, wenn man sich nur in Rodins Denkerpose neben sie setzt, wird er vom Administrator abgemahnt. Verarschen könne man sich selber, schreibt der Admin gewaltfrei, noch einmal so eine respektlose Scheißbemerkung und Zuchtgünter fliege achtkantig aus dem Forum.

Zu diesem Zeitpunkt hat sich Schmusebacke unter Verwendung einer beliebten Forenausrede bereits aus der Diskussion verabschiedet. Der Satz lautet: »Ich gehe jetzt mit dem Hund raus, schließlich habe ich Wichtigeres zu tun, als mit Idioten zu diskutieren.« Er wird in der Regel von Leuten verwendet, die sich zehn Stunden täglich in Foren aufhalten. Gerne fügen sie naserümpfend hinzu: »Habt ihr kein Leben oder was?«

Die sozialen Netzwerke sind ergiebiger. Hier geben sanfte Damen wertvolle Erziehungstipps, ohne sich davon irritieren zu lassen, dass sie Hund und Halter gar nicht kennen. Gewaltfrei ist immer richtig.

LISA Wenn mein Hund zieht, ziehe ich ihm als Allererstes ein Geschirr an, damit er sich nicht selbst verletzt.
Gefällt mir · 28 · 18. Mai um 20:18

LARA Ressourcenverteidigung gibt es nicht, für mich sind das Verlustängste.
Gefällt mir · 12 · 8. Januar um 12:11

LENA Mithilfe von Achtsamkeitsmeditation kannst auch du wesentlich entspannter in Situationen gehen.
Gefällt mir · 19 · 17. September um 19:32

LAURA Bei mir steht so langsam die Planung für ein zweites Fellkind an. Brauche ich jetzt zwei Klicker, die verschieden klingen?
Gefällt mir · 114 · 4. Februar um 15:09

Der ultimative Tipp zur gewaltfreien Leinenführigkeit lautet: Wenn man immer so schnell läuft wie der Hund, kommt es gar nicht dazu, dass er an der Leine zieht. Weiterhin erfahre ich, dass man Hunden das hysterische Türklingelbellen ganz schnell abgewöhnen kann, indem man sie von der Tür fernhält und vermeidet, dass sie Geräusche hören. Wie man das vermeidet, lässt die Verfasserin, deren Vorname ausnahmsweise nicht mit L beginnt, gnädig im Dunkeln. Wahrscheinlich durch liebevolles Erschießen.

Lina beglückt ihre besorgten Mitstreiterinnen mit einer fünfstufigen Strategie, um den Hund vom Taschentuchfressen abzuhalten. Es handelt sich dabei um einen extrem komplexen Handlungsablauf: Taschentuchschnüffeln mit Markersignal belegen und belohnen, Taschentuchapportieren mit Ankersignal unterstützen und belohnen, Taschentuchtauschen mit einem Freudentanz belohnen, Taschentuchausderschnauzeziehen geht gar nicht, und wenn er das Ding doch frisst, Umorientierungssignal setzen und belohnen.

Immerhin dämmert Lina im Laufe der Diskussion, dass ihr Bub ab jetzt wahrscheinlich öfter Tempos fressen wird, weil in dieser Angelegenheit jede Aktion mordsmäßig belohnt wird. Hunde von Leas, Larissas, Lindas und Leonies heißen sehr oft Bub.

LILITH Ankern ist nicht einfach. Mein Bub merkt sofort, wenn mir die Luft ausgeht.
Gefällt mir · 2 · 21. Dezember um 11:34

LILO Ich hatte lange Probleme damit, langsam anzufangen mit dem Ankersignal und gleichmäßig schneller zu werden. Mittlerweile bin ich ganz locker, da ich viel mehr Sicherheit habe als noch vor einem Jahr.
Gefällt mir · 4 · 21. Dezember um 11:38

LILLI Kann ich als Ankersignal eigentlich Bingbingbingbingbing nehmen, wenn mein Markerwort Bingo ist?
Gefällt mir · 1 · 21. Dezember um 11:45

LIA Lilli, da spricht lerntheoretisch nichts gegen.
Gefällt mir · 18 · 21. Dezember um 11:47

Bei YouTube entdecke ich eine beeindruckende Vielfalt an Filmen, die erfolgreich den gewaltfreien doppelten Rückruf bewerben. Sogar unsere Frau Yappa ist mit einem oscarverdächtigen Werk vertreten. Es ist zwölf Sekunden kurz. Der Titel ist länger als der ganze Film: *Doppelter Rückruf mit Umorientierungssignal Yuhuuu und Ankersignal Yappa Yappa sowie Markerwort Klick und Belohnung Wurst.*

Ein weiterer Streifen zeigt einen Dalmatiner, der vergnügt im Wald verschwindet, mit *Yippie* zur Umkehr veranlasst und mit *Gogogogogogo* intermediär begleitet wird, bis er nach geschlagenen fünf Minuten wieder beim Halter auftaucht. Dieser Film heißt: *Der doppelte Rückruf klappt bei uns schon richtig gut.*

»Fünf Minuten!«, schnaufe ich und säble wie ein Wilder an der Kruste meiner Grillhaxe herum. »In dieser Zeit hätten Wiki und Luna zwei Kaninchen umgebracht, filetiert … ach, was rege ich mich auf!«

Meine vier Stammtischbrüder schauen mich ungläubig an.

»Einige ankern noch länger und meinen tatsächlich, ihr Hund käme deswegen zurück«, fahre ich mit vollem Mund fort. »Die glauben, das wäre ein funktionierender Rückruf! Da kannst du dich ja gleich an einen Baum stellen und eine rauchen und glauben, der Hund käme wegen der Rauchzeichen.«

»Bei Rütter hieße das dann wahrscheinlich WOGS«, sagt Juppi. »Winnetou Oriented Guiding System.«

Nach fünf Jahren *T-Bar* ist unser Stammtisch umgezogen. Im Rahmen der großen staatlichen Antiraucheroffensive musste sich der Wirt der *T-Bar* entscheiden, ob er das Rauchen verbietet oder seine Tapas-Küche schließt. Er hat sich für die Raucher und gegen die Tapas entschieden. Dumm gelaufen. Ein Jahr später wurde das Rauchen in Kneipen generell verboten. Die Küche wurde zwar ganz schnell wieder geöffnet, aber die alten Tapas-Köchinnen waren weg und die Tapas-Esser auch. Die sitzen seither zwei Häuser weiter in der *Fuchsjagd* und zerlegen krosse Haxen.

Für geplagte Hundehalter wie mich ist die *Fuchsjagd* sowieso tröstlicher als die *T-Bar.* Man kann seinen Frust in frischem *Füchschen Alt* vom Fass ertränken. Rundherum ist es so laut, dass man sein eigenes Schluchzen nicht hört. Außerdem haben die Innenarchitekten in wunderschöner Handschrift Auszüge aus dem rheinischen Grundgesetz an die Wände pinseln lassen. Nach einem vergeigten Hundespaziergang mit verheerenden Kollateralschäden versöhnt nichts mehr mit dem Schicksal als das rheinische Grundgesetz.

Et es wie et es.
Wat fott es, es fott.
Wat wells de maache?
Et hätt noch emmer joot jejange.

»Ein lautes Nein traumatisiert den Hund?«, sagt Peter. »Wer's glaubt.«

»Diese ganze Wattebauschwerferei ist sowieso tierschutzrelevant«, sagt Ralf und winkt dem Ober. »Stell dir vor, da verfängt sich ein Wattefussel im Augenlid. Entzündung, Vereiterung …«

»Ja, Mahlzeit auch!«, sagt Juppi und schiebt appetitlos die Blutwurst auf seinem Himmel-un-Äd-Teller hin und her. Ralf lässt sich nicht stören.

»… Blutpfropf, OP, das volle Programm«, fährt er fort. »Da ist ja jeder Tritt in den Hintern harmloser. Nehmt ihr auch noch ein Alt?« Der Ober zückt den Block. »Wir nehmen noch fünf.«

»Wahrscheinlich müssen die den kompletten Augapfel aus dem Kopf schälen«, sagt Walter kauend.

»Das nächste Mal nehme ich einen gemischten Salat«, mault Juppi. Er legt sein Besteck in den Teller. »Beim Salatessen macht mir euer Blut-und-Eiter-Geschwätz nichts aus. Aber zu Flönz geht das gar nicht.«

»Bist du sicher, dass das Flönz ist?«, grinst Peter.

»Bah! Du Arsch!«, sagt Juppi.

Er schnappt sich seine Zigaretten und verschwindet nach draußen. Juppi ist der einzige von uns fünfen, der noch raucht. Aber selbst er befürwortete den Wechsel in die rauchfreie *Fuchsjagd*. In der *T-Bar* waberte zuletzt so ein dichter Qualm unter der Decke, dass selbst seiner fünfunddreißig Jahre mit Marlboro trainierten Lunge die Luft wegblieb.

»Neulich habe ich gelesen, man soll, wenn man mit seinem Hund vor einer schwierigen Situation steht, laut sein Lieblingslied singen«, erzähle ich. »Das entspanne alle Beteiligten.«

»Mein Lieblingslied ist ›Dazed and Confused‹ von Led Zeppelin«, sagt Walter. »In der dreißigminütigen Live-Version. Ich glaube nicht, dass sich dabei im Wald Leute entspannen werden. Die würden alle schreiend wegrennen. Ich singe euch mal die erste Strophe …«

»Bist du wahnsinnig!?«

»Denk nicht mal dran!«

»Been Dazed and Confused …«

»Herr Jesus …!«

»… for so long it's not true.«

»AUS!!!«

Dem Himmel sei Dank ist das Stimmengemurmel in der Kneipe um ein Vielfaches lauter als das inbrünstige Ständchen unseres jaulenden Robert-Plant-Verschnitts. Man will ja kein Lokalverbot riskieren, nur weil man eine warm empfohlene Hundeerziehungstechnik übt.

Als Juppi vom Rauchen wiederkommt, bringt er eine gerunzelte Stirn mit.

»Ich frage mich wirklich, ob diese Frauen ihre Männer beim Sex klickern«, sagt er nachdenklich. »Und ob es Selbsthilfegruppen gibt, die *Männer, die beim Sex geklickert werden* heißen.«

»Garantiert nicht«, sagt Peter. »MDBSGW kann doch keiner aussprechen.«

Der Rest von uns hat ebenfalls Kopfkino.

»Hinterher gibt's einen Keks.«

»Tüchtich! So isser fein!«

»Klickern ist das neue Viagra.«

»n'Abend, Selbsthilfegruppe! Das nächste Männerdiebeimsexgeklickertwerdentreffen steht an. Thema: Kann er länger, wenn sie intermediäre Brücke macht? Ich freue mich auf zahlreiches Erscheinen. Gruß, Atze.«

Als wir uns gegen Mitternacht draußen voneinander verabschieden, nimmt mich Walter beiseite.

»Heißen die wirklich alle Lulu, Lala und Lolo und haben Ridgebacks?«

»Na klar«, sage ich. »Bis auf die Trainerinnen. Die heißen Gundula und haben Australian Shepherds.«

Die Verfehlungen der letzten Wochen: Ich setze Luna kommentarlos einen Maulkorb auf, schubse Wiki vom Sofa und kneife morgens um halb zehn wortlos in eine Hundeflanke, um ungestört die Post vom Boten entgegennehmen zu können. Ich bin ein armseliger, inkompetenter Wurm!

Den Maulkorb habe ich aus Anlass des bevorstehenden Raufferseminars gekauft und Luna kommentarlos um die Nase gegürtet. Sie blinzelt eine Weile ungläubig. Ich schütte Minifrolics durch die Gitterstäbe. Damit ist das Thema gegessen.

Könnte gegessen sein, hätte gegessen sein können, wenn es nicht Gundula gäbe! Gundula wohnt ein paar Dörfer weiter und trainiert gewaltfrei. Überall in Deutschland wohnt ein paar Dörfer weiter eine Gundula und trainiert gewaltfrei.

Sie findet, dass ich mich jetzt schlecht fühlen soll. »Guck, wie traurig Luna guckt«, sagt sie. »Sie hat Angst. Wofür wurde das achtwöchige antitraumatische Maulkorbtraining entwickelt, du Kretin?!«

Das achtwöchige antitraumatische Maulkorbtraining geht so: In der ersten Woche wird der Maulkorb gekauft. Er verbleibt im Fahrzeug. In der zweiten Woche rutscht der Maulkorb im Fahrzeug von der Mittelkonsole nach hinten neben die Hundebox. In der dritten Woche betritt der Maulkorb das Haus. Er lagert im Flur an der Garderobe. In der vierten Woche kommt der Maulkorb in die Küche und ruht auf der Arbeitsplatte. In der fünften Woche rückt er neben den Napf. In der sechsten Woche schläft er im Körbchen. In der siebten Woche wird er ans Halsband gebunden. In der achten Woche kann er zum ersten Mal behutsam aufgesetzt werden, aber maximal für zwanzig Sekunden, sonst guckt der Hund traurig und hat Angst.

Meinen Hinweis, dass man bei einem bissigen Hund keine acht Wochen Zeit für diesen Zirkus hat, weil man dann mit blutigen

Unterarmen dasitzt und selber traurig guckt, wischt Gundula souverän beiseite.

»*Pff!*«, macht sie.

Ich mag es, wenn Wiki aufs Sofa kommt und kuschelt. Er beißt zwar die Hand, die ihn nährt, weil er ein explosiver Extremschnapper ist. Aber sein zweites Ich ist das genaue Gegenteil: ein explosiver Extremschmuser. Wiki darf nur nicht von selbst auf das Sofa springen, sondern ausschließlich auf Einladung. Das hat Gründe! Wenn er drei Tage hintereinander von selbst auf die Couch hopst, fletscht er am vierten Tag die Zähne und will nicht mehr runter. Das ist die Art, wie er Räume einnimmt und Themen setzt.

Wenn ein Wiki angeflogen kommt, kann man seinen Schwung wundervoll in eine Hundertachtzig-Grad-Kurve umlenken, die ihn elegant wieder vom Sofa wegführt. Gundula sagt: »Unmensch! Du hast ihn geschubst.«

Gundulas meinen, dass jedwede Korrektur einen Hund verwirrt, frustriert und verstört. Deshalb schubsen Gundulas nicht, sondern handeln proaktiv. Sie klickern, solange die Hundepfoten noch auf dem Wohnzimmerboden stehen.

»Tüchtich! So isser fein!«

Der Hund wird fürs Rumstehen auf vier Pfoten gelobt, also für etwas, das er vierundzwanzig Stunden am Tag dank Schwerkraft sowieso macht. Der arme Kerl begreift wahrscheinlich gar nicht, weswegen er gelobt wird. Aber egal, die Gundulas klickern. Wenn er das Geklicke und Gelobe nicht mehr erträgt und ins Körbchen flüchtet, rennen die Gundulas hinterher, belohnen ihn mit dem Jackpotleckerchen und laden ihn zu sich aufs Sofa ein.

»Wiki hat Angst«, sagt Gundula zu mir. »Du erkennst das nicht. Du bist ein grober Klotz. Die armen Tiere.«

Wer auch gerne einen Angsthund haben möchte, darf sich gerne an Google wenden. Google wird umgehend mit einer Linkliste antworten, die zu hundert Gundulas führt, die den Hund ansehen und die Diagnose Angsthund treffen werden. Danach werden sie einen kommandofreien Trainingsplan erstellen. Der hält jegliche Unbill fern und richtet Wünsche an den Hund. Die muss er nicht befolgen, er darf ihnen nachkommen.

In diesem Sinne ist HIER auch kein Kommando, sondern ein Vorschlag. Eine Anregung gewissermaßen. Wenn dem Hund gerade keine Panikattacke dazwischenkommt, weil Ameisen den Waldweg kreuzen, darf er zwanglos die Richtung zum Rufer einschlagen. Dreht er nach drei Metern wieder ab, weil er sich einen feuchten Kehricht um seinen Halter schert, wiederholt man die Anregung. So oft, bis er da ist oder nicht. Dieses Hin und Her nennen Gundulas *Angstfreies Pendeln.*

»Du hast nichts kapiert«, sagt Gundula. »Du hast keine Ahnung von moderner Lerntheorie. Lies erst mal die Basics. Das sind neueste wissenschaftliche Erkenntnisse! Dein Hund tut mir leid. Er sollte dir abgenommen werden.«

Das sagen alle Gundulas. Wer den Geschirrgriff mit konditioniertem Geschirrgriffwort nicht toll findet oder sich vor Lachen auf die Lippen beißt, wenn eine fleischgewordene Vuvuzela GOGOGOGOGOGO durch den Wald röhrt, hat die neuesten Studien nicht gelesen und kriegt den Hund abgenommen.

Überhaupt ist Angsthund die Modediagnose des jungen 21. Jahrhunderts. Der Hund von Baskerville war auch ein Angsthund. Er hat Sir Hugo aus Angst umgebracht. Wenn Angsthundegundulas von ihren eigenen Hunden in den Unterschenkel gebissen werden, nehmen sie sie sanft am Geschirr und setzen sie maximal dreißig Sekunden vor die Tür, bevor sie ihnen ein Alternativspiel anbieten. Den Griff ins Geschirr haben sie kleinschrittig konditioniert und mindestens sechs Wochen auf Level eins geübt. Danach kommen Level zwei, Level drei und Level vier.

Irgendwann ist der Schenkel ab, aber Hauptsache, der Hund ist nicht traumatisiert.

Gundulas erzählen von Hunden, die Kindern ins Gesicht beißen, und vertreten die Ansicht, die Eltern gehörten geschlagen, weil sie schlecht auf ihr Kind aufgepasst haben. Sie schwören, dass der Hund erst gebissen habe, nachdem er einen Angstschrei ausgestoßen hat. Sie finden nicht, dass es sich um einen Arschlochhund handelt, den man mit Kindern besser nicht allein lassen sollte. Es ist ein Angsthund. Die Eltern sind schuld.

Gundulas kreischen ihrem Hund Umorientierungssignale entgegen und ankern so lange mit MIMIMI und LALALA, bis der Hund kommt. Sie singen in einem fort TICKETACKETICKETACKE, wenn sie den Hund duschen, weil sie glauben, dass er dann lieber duscht. Sie filmen sich beim Ticketackesagen und publizieren das Video bei YouTube, damit Nichterleuchtete davon profitieren können. Sie posten auf Facebook: »Bei LALALA käme ich mir blöde vor. Ich rufe JAWAJAWA.«

Es ist eine Welt, in der es keine Hunde mehr gibt, sondern nur noch Hundis und Wauzis. Wo Hundebesitzer Besi heißen. Wo Haltis und Maulis gemein sind und Rottis, Schäfis, Dobis, Labbis, Windis und Hütis sich ein liebevolles Stelldichein geben. Es sei denn, sie haben es an der Schilddrüse. Dann sind es Schildis. Ab und zu gibt es ein Beißi.

Eine Welt, in der gefragt wird, ob man Hunde wecken darf, wenn sie schlecht träumen. Eine Welt, in der man seine – ich tippe das Wort jetzt doch, obwohl ich mir geschworen habe, dieses Wort nie zu tippen – FELLNASE großräumig von allem Bösen fernhält. Dazu gehören laute Traktoren, impertinente Kinder, neunundneunzig Prozent aller Hundeschulen und bakterienhaltige Wasserlachen.

Eine Welt, die zusammenbricht, wenn die FELLNASE von Zeit

zu Zeit die Ohren anlegt und meidet. Meideverhalten zeigen ist etwas völlig Normales unter Hunden. Aber weil sie dabei so erbarmungswürdig gucken, bricht ihren Gundulas das Herz.

Es ist eine Welt, in der der Hund keine Sekunde unbeaufsichtigt und sein Tun keine Minute unkommentiert bleibt. In der es ganz wichtig ist, dass der Hund alles mit Freude tut. Vor allem das, was ihm keinen Spaß macht.

Die Jagd abbrechen zum Beispiel.

Das soll er freudig tun!

Das ist, als wenn Gundula freudig den Sex abbrechen müsste. Gerade wenn es am schönsten ist, schreit das Baby.

»Hurra!«, ruft Gundula dann. »Wie schön! Das Baby schreit. Ausgerechnet jetzt. Ist das nicht toll? Wer geht, Schatz? Du oder ich?«

Schönsprech 2.0

Vor nicht allzu langer Zeit hieß ein Krause mit Vornamen noch Karl-Heinz, Wilhelm oder Horst, stupste einem den Zeigefinger in die Brust und knarrte: »Du bist an allem schuld!« Egal, was der Hund anstellte, wir Halter hatten den Schwarzen Peter. Hunden ein Eigenleben zuzugestehen passte nicht ins Konzept. Ihre Marotten waren zu deckeln! Wenn wir das nicht fertigbrachten, lag es an uns.

Horsts und Vollhorsts unterrichteten auf umzäunten Hundeplätzen oder während geführter Spaziergänge in freier Wildbahn. Wenn die Persönlichkeit des Halters zum Deckeln nicht ausreichte, flogen Leinen, Schlüssel, Klapperschellen. Ich bin nicht grundsätzlich gegen Wurfobjekte. Ein Abbruchsignal über Futterfrustration ist Gold wert, wenn es zu Hund und Halter passt und von jemandem etabliert wird, der sich damit auskennt. Das taten aber die wenigsten. Die Mehrzahl lehrte, wie man sinnfrei Zeug durch die Gegend schleudert. Überall auf den Plätzen sprühten die Halsbänder und johlten die Trainer. Nicht selten wurde mit Strom erzogen. Ein bisschen das Fell grillen schade nicht, hieß es. Schließlich überstehe ein Hund auch die Kollision mit einem Weidezaun unbeschadet.

Mittlerweile leben wir in Zeiten, wo die Hunde keine Hunde mehr sind, sondern Familienmitglieder und manchmal auch Ersatz für Mann, Frau oder Kind. Denen schmeißt man ja auch keine Suppenschüssel an die Birne, wenn sie Widerworte geben. Deshalb flüchten wir Hundehalter kreischend vor den Vollhorsts.

Nicht wenige von uns landen im anderen Extrem: sanftes, gewaltfreies Training bei Gundula. Das Verlockende ist, dass bei Gundula weder Hund noch Halter schuld sind, sondern immer die Umstände. Wenn etwas nicht funktioniert, liegt es an den Umständen. Das Leckerchen ist nicht lecker genug, der Klick nicht präzise genug, der Glucosespiegel nicht hoch genug, das Thundershirt nicht eng genug. Außerdem ist der Schilddrüsenwert nicht optimal, es sind zu viele läufige Hündinnen unterwegs, und, komisch, in dieser Gegend waren doch sonst nie Rehe? Hat da etwa ein Förster sein Revier nicht im Griff?

Die fünf Wirtschaftsweisen prophezeien, dass auf lange Sicht nur Gundulas Trainingsansatz überleben wird. *Die Umstände sind ungünstig* ist marketingstrategisch einfach ausgereifter als *Die Halter sind schuld.* Wer dem Kunden Honig um den Bart schmiert, füllt sein Kässchen. Erst recht, wenn das Training auf Gundulas Lieblingsdiagnose aufbaut: Angsthund! Eine Angsthunddiagnose suggeriert dem Hundehalter nämlich dreierlei.

1. Der arme, arme Hund.
2. Es wird lange dauern.
3. Wenn du nichts unternimmst, wirst du in der Tierquälerhölle schmoren.

Erschüttert kauft man bei Gundula ein halbes Dutzend Zehnerkarten und im Fachgeschäft einen großen Sack Jokerleckerchen. So gerüstet betritt man die Endlostrainingsschleife. Die ersten Erfolge treten bereits nach einer halben Stunde ein. Das liegt aber weder am Hund noch am Halter, sondern an Schönsprech 2.0. Mit Schönsprech 2.0 lässt sich selbst kolossales Totalversagen in warme Worte kleiden.

Damit ich ihn beim Wildhetzen abrufen kann, haben Wiki und ich die perfekte Impulskontrolle erarbeitet. Segelt mein kleiner Jagdwichtel hinter der Reizangel her, kann ich ihn mit einem einzigen geflüsterten PLATZ aus der Luft pflücken. Warum in Dreiteufelsnamen interessiert ihn das nicht, wenn er Kaninchen sieht?

Ganz falsche Frage! Es geht heutzutage nicht darum, warum etwas nicht klappt, sondern wie man etwas, das nicht klappt, verkauft, als ob es geklappt hätte. Wir reden uns das Leben schön und lügen uns die Tasche voll. Das dazu notwendige Werkzeug heißt Schönsprech 2.0.

Lektion 1

Der Jagdwichtel zeigt einem die Mittelkralle und hetzt los. Man sagt: »Seine Impulskontrolle ist ganz ausgezeichnet. Das Kaninchen ist nur zu schnell aufgesprungen.«

Lektion 2

Der Jagdwichtel verschwindet am Horizont. Man sagt: »Wir stellen gerade die Ernährung auf serotoninarmen Vesperspeck um. Da läuft er beim Rückruf etwas größere Radien.«

Lektion 3

Der Jagdwichtel kommt nach einer halben Stunde und wirft einem ein totes Karnickel vor die Füße. Man sagt: »Wir legen den Begriff zeitnah großzügig aus, um im Hund keinen Distress zu erzeugen. Er ist pünktlich. Dies ist kein totes Kaninchen.«

Fortgeschrittene Schönsprecher stellen selbstlos kleine Filme ins Netz, die ihre Erfolge dokumentieren. Ein gutes Beispiel ist das erwähnte Video mit dem Dalmatiner, der geifernd in den Forst hineinpratzt und erst nach fünfminütigem Sprechgesang wieder auftaucht. Diesem Meisterwerk den Filmtitel *Der doppelte Rückruf klappt bei uns schon richtig gut* zu verleihen ist Schönsprech 2.0 in Vollendung. So wird's gemacht!

Lektion 4

Wenn man in einem fort auf seinen antrabenden Hund einschwatzt, heißt das nicht »Ineinemfortaufseinenantrabendenhundeinschwatzen«, sondern »Doppelter Rückruf (DRR)«.

Lektion 5

Wenn man seinen Hund fünf Mal zu sich ruft und er fünf Mal auf halbem Weg wieder umdreht, heißt das nicht »Leck mich am Arsch, Alter!«, sondern »Angstfreies Pendeln (AFP)«.

Ambitionierte Hundehalter kombinieren Schönsprech 2.0 gerne mit dem Programm Drama 3.1. In der allerneuesten Version sorgt Drama 3.1 dafür, dass nicht vorhandene Probleme aufsehenerregend in Szene gesetzt werden können. Wenn man eine restlos impulsbefreite Schlaftablette von vornherein als unzähmbares Energiebündel bezeichnet, steht man im Erziehungsalltag traumhaft da.

So kann man im Internet einen zu hundert Prozent narkotisierten Chow-Chow bewundern, der sich überhaupt nicht für die vor seiner Nase auf und ab hüpfende Reizangel interessiert. Zwischen gelangweilten Schnüffelorgien im Gras und sehnsüchtigen

Blicken in den Himmel stupst er das flatternde Tuch ein einziges Mal an. Purer Zufall. Er ist versehentlich in den Lappen hineingelaufen. Egal! Umgehend veranstaltet Frauchen ein Riesenjuhu! Es regnet Leckerchen! Dann muss der Chow-Chow sich hinsetzen. Kommentar unter dem Film: »Bärchen steht heute hoch im Trieb. Tolle Impulskontrolle.«

In dieselbe Kategorie fallen ältere Hundeherrschaften, die im Schlapptrab einem geworfenen Futterbrocken hinterhertrotten und sich auf Kommando umdrehen. Versierte Drama-3.1-User sprechen hier von *Abruf beim* HETZEN.

Die Versalien sind wichtig!

Fiel gerade das Wort *Kommando?* Wie konnte das passieren? Schönsprech 2.0 bannt den Begriff Kommando und ersetzt ihn durch *Wunsch*. Das ist nicht so militärisch. Damit fühlt man sich gleich viel wohler. Ein mit Nachdruck gesprochenes NEIN zählt ebenfalls zu den Zwangsmitteln, die im Rahmen einer gewaltfreien Erziehung konsequent abzulehnen sind. Als Abbruchsignal ist ein sanfter Geschirrgriff dem harschen NEIN bei Weitem vorzuziehen. Geschirrgriff wird übrigens GeGe ausgesprochen. Abkürzungen sind bei Schönsprech 2.0 das A und O. Wenn etwas gut abgekürzt ist, klingt es nach Wissenschaft.

Aber bitte nicht unvorbereitet den Hund anpacken! Der Geschirrgriff (GG) muss über verschiedene Levels hinweg monatelang trainiert werden. Die Armbewegung hin zum Hund wird Zentimeter für Zentimeter positiv belegt, damit der Hund keine negativen Gefühle entwickelt, die ihn am Lernen hindern.

Um diesen Prozess für alle Beteiligten angenehm zu gestalten, wird zum Geschirrgriff (GG) das Geschirrgriffwort (GGW) gesprochen. Das Geschirrgriffwort (GGW) kann man auch ohne Geschirrgriff (GG) anwenden. Dann ist es quasi nur Wort (W) ohne Geschirr und Griff. GUUUUUUD BOOOOOI wird gern als

Wort genommen. Das ist zwar ein Zweiwortwort, aber es hat ja keiner behauptet, dass es einfach werden würde. Außerdem klingt es viel schöner als NEEEIIIIN und ist kein böses AS (Abbruchsignal), sondern ein gutes GGW. Dem Hund ist es natürlich völlig brause, ob ein EEEEEIIIIIII an sein Ohr dringt oder ein UUUUU-OOOO. Er macht im günstigsten Fall das, was er gelernt hat: Er bricht seine Aktion ab.

Luna, Wiki und ich praktizieren Schönsprech 2.0 seit geraumer Zeit und sind sehr zufrieden damit. Den Quatsch mit der Reizangel, um Wikis und Lunas unbändigen Jagdtrieb mittels perfekter Impulskontrolle endlich in den Griff zu bekommen ersparen wir uns auch.

Lektion 6

Seit die Hunde und ich uns darauf verständigt haben, dass nicht ich sie jagdlich führe, sondern sie mich, ist irgendwie alles in Butter.

Wer braucht schon Krause, wenn er Facebook hat

Neues aus der Zentrale des Wahnsinns: Bienchen mag nicht gern alleine bleiben, Bommel lässt sich nicht bürsten, Pinky will bei Scheißwetter nicht raus, und Emmas Stresstagebuch ist voll. Was nun? Frag nicht Krause, frag einfach deine Facebook-Gruppe! Der Hundetrainer wird nämlich überschätzt. Der hat keine Ahnung. Und wenn er drei Jahre und neun Riesen in eine Ausbildung investiert hat, hat er erst recht keine! Soll er sich doch auf seiner dämlichen Wiese die Beine in den Bauch stehen und warten, bis er grün wird. Wir brauchen keinen Krause. Wir haben Internet!

Maras Bienchen bleibt nicht allein. Bienchen ist – na was wohl? Genau! – ein Angsthund. Deshalb haben Mara und die Facebook-Gruppe ein Trainingsprogramm ausgearbeitet, um Bienchen im Laufe des Jahres sanft darauf vorzubereiten, dass Mara auch mal einkaufen muss. Das Programm beinhaltet ausgiebige Auslastung im Vorfeld des Verlassenwerdens, Ablenkung durch unterstützende Futtergaben, orale Verabreichung von L-Theanine-haltigen Stress-Relief-Tabletten, konsequente Ausdehnung des Alleinbleibens in einem Zeitrahmen, der den Hund nicht unnötig stresst, sowie schrittweise Gewöhnung an einen Hundesitter im Minutentakt.

Nach einem halben Jahr Training schafft Bienchen eine halbe Stunde!

Die Gruppe findet das wunderbar. Jeder Hund brauche halt seine Zeit, schreiben sie begeistert, und immerhin reiche eine halbe Stunde ja, um schnell zum Büdchen zu rennen. An einem rabenschwarzen Nachmittag jedoch wagt der minutenweise gebuchte Hundesitter Mara gegenüber vorsichtig anzudeuten, dass Bienchens Trennungsstress unter Umständen auch mit mangelnder Führung zu tun haben könnte. Wie solle sich Bienchen das Alleinbleiben zutrauen, wenn Mara es ihr selber nicht zutraut und stattdessen so einen Hokuspokus veranstaltet?

Daraufhin eilt Mara umgehend in die Gruppe, um ihrer Empörung Luft zu machen und sich die Richtigkeit ihres Vorgehens positiv bestätigen zu lassen. Alle loben Mara und finden, der Hundesitter müsse sofort entlassen werden.

Beate findet das auch. Sie trainiert seit drei Jahren ähnlich geduldig wie Mara, weil ihr Bommel sich sehr schlecht bürsten lässt. Bommel zeige zwar immer noch Meideverhalten und leide Quaaalen unter dem Striegel, tippt Beate betroffen in den Bienchen-Thread, aber wenigstens halte er still, wenn er während des Kämmens an der Leberwursttube saugen darf. Der milde Güni fasst Bienchens und Bommels Trainingserfolg zusammen: »Wir konzentrieren uns eben auf die Methode, die laut Lerntheorie die zuverlässigste ist.«

Nur Nana findet, der Hundesitter habe nicht ganz unrecht. Sie habe den lebendigen Beweis zu Hause. Der Staffordshire Terrier laufe unter der Führung ihres unkomplizierten Mannes deutlich runder als unter ihren wackeligen Fittichen. Leider verrät Nana, dass ihr Mann nebenberuflich Diensthunde trainiert, und tippt leichtsinnigerweise auch noch das Wort *Rudel* in ihren Beitrag.

Die Gruppe ist erschüttert. Diensthundeführer seien brutal wie unterzuckerte Orks, und Rudel dürfe man heute sowieso nicht mehr sagen. Menschen und Hunde könnten niemals ein Rudel bilden. Es heiße *Gemischte Gruppe semisolitärlebender Einzelwesen* (GGSSLEW) oder so ähnlich, den genauen Terminus habe man jetzt nicht präsent, aber er mache jedenfalls deutlich, dass es sich um eine größere Anzahl von wild lebenden Säugetierarten derselben Sorte handele, die kleiner als eine Herde sei, und im Übrigen würden RUDEL-Schreiber und GGSSLEW-Sager überhaupt nicht zusammenpassen, schon gar nicht in einem Forum.

Nana muss die Gruppe verlassen.

Tschüss, Nana!

Marlene möchte Tipps, wie sie Pinky bei miesem Wetter ans Laufen kriegt. Sie wolle ihren Chihuahua nämlich auf gar keinen Fall in einer Tasche mit sich herumschleppen, sie heiße schließlich nicht Paris Hilton.

Umgehend schlägt eine Empörungswelle über Marlene zusammen. Wie man einen so kleinen Hund nur zum Spazierengehen zwingen könne, womöglich habe man es mit einer Regenwasserallergie zu tun oder einer Nierenentzündung wegen des ewig nassen Bauchfells, und überhaupt müsse die Schilddrüse erst einmal abgeklärt werden, bevor man etwas Genaueres sagen könne.

Im Anschluss empfiehlt die Gruppe so lange eine Tasche, bis Marlene leicht gereizt den Thread löscht. Woraufhin Paula einen neuen aufmacht und jammert, dass man nun ganz umsonst so viel Zeit in die guten Tipps investiert habe – und alle empfehlen Marlene wieder Taschen!

Marlene wird unhöflich und fliegt raus.

Tschüss, Marlene!

Silvester ist noch keine Stunde vorbei, da werden die Vereinigten Hundefacebookgruppen mit Bildern von Angsthunden geflutet, die ES geschafft haben.

ES – das Silvesterfeuerwerk!

In unzähligen Stuben hat man sich den Hintern aufgerissen, um diese Bedrohung zu meistern. Die stolze Gitte aber toppt alle. Zur Vorbereitung hat sie unterjährig ein Entspannungsseminar bei Gundula und einen Körperspracheworkshop bei Gunter absolviert. Seither weiß sie, dass ihre Tamara Angst hat.

Um Mitternacht kuschelt Gitte mit Tamara auf dem Sofa. Weil Gittes Präsenz offensichtlich nicht ausreicht, um Tamara zu beruhigen, wird zur Unterstützung ein Sechs-Komponenten-Programm gefahren: zeitgleich Thundershirt (eins), Rescue-Tropfen (zwei), Mantra-CD von Snatam Kaur in Endlosschleife (drei), abwechselnd orale Gaben von Käse- und Fleischwurstwürfel bei jedem Knall (vier und fünf) sowie Markerwortsalven (sechs) im Rahmen der konditionierten Entspannung.

Die Gruppe ist begeistert und macht Screenshots.

Nächstes Silvester werden sie auch so vorgehen.

Lothar schreibt zähneknirschend, er sei sehr, sehr froh, dass Frauen wie Gitte ihren übersteigerten Hütetrieb ausschließlich an ihren Hunden ausleben. »Stellt euch nur mal vor, die hätten Kinder! Den ganzen Tag würden sie ihre Brut mit starrem Bordercollieblick überwachen.«

Tschüss, Lothar!

Hätte ich damals schon gewusst, was ich heute weiß, wäre mir einiges erspart geblieben. Meine Hunde sind nämlich nicht Chaoten, weil am anderen Ende der Leine eine Flasche hängt, sondern weil sie ihre *Spooky Periods* so schlecht verkraftet haben. *Spooky Periods* – die neue Ausrede vom Dienst. Danke, Gruppe!

Worum geht's? Also, Birte glaubt, dass Bert gesagt hat, dass Bengt gelesen hat, dass Wissenschaftler wahrscheinlich herausgefunden hätten, dass es in den ersten anderthalb Hundejahren drei oder vier *Spooky Periods* gebe. Dabei solle es sich um drei oder vier mal zwei Wochen Fremdeln im viermonatigen Abstand mit plus/minus zwei Monaten rasse- und entwicklungsbedingter Verschiebung handeln.

In diesen Fremdelzeiten reagiere der Hund ängstlich auf Neues und bewerte bereits Bekanntes ebenfalls neu. Daher müssten, so Birte, Bert und Bengt, alle Reize unbedingt vermieden werden. Denn fatalerweise machten sich schlechte Erlebnisse während der *Spooky Period* erst in einer darauf folgenden *Spooky Period* bemerkbar. Wenn ein Welpe beim Züchter während seiner ersten *Spooky Period* zu viel Besuchertrubel erfahren habe, könne er in der zweiten oder dritten *Spooky Period* mit übertriebener Aggression reagieren.

In Schönsprech 2.0 klingt das dann wahrscheinlich so: »Es ist wirklich bedauerlich, dass mein Hund Ihrem Hund final in den Arsch gebissen hat, aber wissen Sie, er war in der ersten *Spooky Period* einer Reizüberflutung ausgesetzt.«

Damit Birte in zwei Jahren schlüssig herleiten kann, warum ihr Hund plötzlich Angst vor pflanzgranulatgefüllten Blumentöpfen hat, führt sie jetzt schon ein Stresstagebuch für Emma. Für jeden möglichen Stressor hat Birte eine eigene Spalte eingerichtet sowie drei weitere für zufällig auftretende Erschrecknisse. Außerdem notiert sie akribisch Anzahl, Dauer und Länge der Gassigänge und ordnet den Stuhlgang der jeweiligen *Spooky Period* zu.

Bert, Bengt und 145 anderen gefällt das.

Miri nicht.
Miri hält Birte, Bert, Bengt und 145 andere für bescheuert.
Tschüss, Miri!

In der Ausbildung zum Hundegesundheitstrainer (bitte selber googeln, ich kann nicht mehr) wird der Bärengang gelehrt. Beid- und breitbeinig schwankt der Mensch hin und her und lässt Leckerchen hinter sich fallen. Sofort schnüffelt der Hund und nimmt eine entspannte, beschwichtigende Körperhaltung ein. Dies sei bei Begegnungen mit fremden Hunden nützlich, so der strahlende Erfinder dieser Technik, wenn der eigene Hund mit Hundebegegnungen Schwierigkeiten habe. Im Bärengang sei man für den Hund interessanter als alles andere. Kloppen, jagen, verheerende Schäden anrichten – falle alles weg. Ein echter Magnet, der Bärengang.

Falls das zur grenzenlosen Überraschung aller Beteiligten nicht funktionieren sollte, wird empfohlen, einfach den Hund zurückzurufen. Voraussetzung ist selbstverständlich, dass der Rückruf *»im Hund vertieft«* ist.

Cindy schreibt: »Das Rückrufkommando ist zwar vertieft in ihm, aber er reagiert sehr selten darauf. Also, wenn er mal von der Leine ist, muss ich schon viel Glück haben, dass er zu mir zurückkommt. Aber es gibt auch Momente, wo er es einfach ignoriert.«

Christian schreibt: »Vertieft? So, so.«
Tschüss, Christian!

»Und dann war da noch diese Valerie, die gelesen hat, dass man unbedingt das Leinenende ansagen soll«, sage ich und trinke mein Alt aus. »Sonst rennt die zierliche Bulldogge womöglich unbekümmert weiter, bis es irgendwann an ihrem Hals ruckelt. Eine fatale Einwirkung, die zu Verstörung und womöglich sogar zu Genickbruch führen könne.«

Meine Stammtischbrüder stöhnen.

»Das ist jetzt das fünfte Treffen, bei dem du deine Gundulas in die *Fuchsjagd* mitbringst«, ächzt Walter. »Es nervt. Können wir uns nicht mal über was Schönes unterhalten? Analfisteln vielleicht oder Serienmörder?«

»Wurzelbehandlung ohne Betäubung?«, ergänzt Peter.

»Ich kann nichts dafür«, sage ich. »Da draußen ist man mittlerweile von denen umzingelt. Der gesunde Menschenverstand ist spurlos verschwunden. Dafür werden die Prioritäten immer ungesünder gesetzt. Oder kennst du ein einziges Elternpaar, das Kurse in Achtsamkeitsmeditation belegt, um die Kinder besser zu verstehen? Also ich nicht. Für die Brut reicht das Normalprogramm und ab und zu ein Satz heißer Ohren, für den Hund wird aufgefahren, was die Szene hergibt. Wenn heute so viele Tierheime brennen würden wie Asylantenheime, wäre ganz Deutschland auf den Barrikaden.«

»Ich verstehe diesen ganzen weichgespülten Kram sowieso nicht«, sagt Ralf. »Was ist denn bloß so schlimm daran, wenn es mal unangenehm wird? Erziehung geschieht doch immer im Spannungsfeld zwischen Angenehmem und Unangenehmem. Ein heller Raum ist angenehm, wenn du in der Sonne liegen willst, und unangenehm, wenn du schlafen möchtest. Bei einem dunklen Raum ist es genau umgekehrt. Jeder Raum kann je nach Absicht angenehm und unangenehm werden. Damit leben wir.«

»Irgendwann rufen die ihre Hunde nur noch über Twitter

zurück«, sagt Juppi, während er lustlos in seinem Salat pickt und die halben Kirschtomaten aussortiert. Den ganzen Abend ist kein einziges unappetitliches Wort gefallen. Er hätte völlig risikolos Flönz bestellen können.

»Habt ihr eine Ahnung, wie der Trainingstipp der Woche in der Mahatma-Waldi-Gruppe lautet?«, frage ich. Einmal in Fahrt, bin ich schwer zu bremsen. »Ich verrate es euch: *Wechsel auf dem Wildwechsel zur Festigung des doppelten Rückrufs mit in Bockwurstwasser eingeweichten Trockenpansenstücken.* So sieht Gundulas Antijagdtraining aus. Ihr wisst Bescheid!«

»Erbarmen!«, fleht Peter.

»Ich möchte, dass ihn einer stoppt!«, sagt Walter.

»Das gehört alles zum Erziehungskomplex Markertraining«, fahre ich gnadenlos fort. »Wenn du das konsequent durchziehst, kannst du deinen Mitmenschen aber so was von auf den Zeiger gehen.«

»Er hört einfach nicht auf«, sagt Ralf zu den anderen dreien.

Sie stecken die Köpfe zusammen und ignorieren mich.

»Könnte man ihn irgendwie markern, damit er die Rechnung bezahlt?«

»Ich könnte *Yappa* sagen, wenn der Kellner kommt.«

»Die zahlt er sowieso.«

»Schon allein wegen der vielen eingeschleppten Gundulas.«

»Es wäre gewissermaßen Schmerzensgeld.«

»Er würde uns angemessen entschädigen.«

»Für den Hörsturz beim *Bingbingbing* und für alles andere auch.«

»Sonst nehmen wir ihn nie wieder mit.«

»Das wäre Erpressung.«

»Dann einigen wir uns darauf, dass der bezahlte Deckel ein Freundschaftsdienst ist, der ihm unsere Zuneigung für das nächste Quartal sichert.«

»Sehr gut.«

»Seht ihr, wir haben's auch schon drauf.«

»Was?«

»Schönsprech 2.0.«

Es ist Sonntag. Bei *Tiere suchen ein Zuhause* läuft ein achtminütiges Feature über gewaltfreies Hundetraining, begleitet von einer Facebook-Diskussion mit tausend aufgebrachten Kommentaren. Ich betrachte die Mitglieder meines sozial gemischten Semisolitärdingsbums, die in der Stube quer vor dem Fernseher fläzen, und habe Fragen.

Ist es nicht brutale Gewalt, Hunden Namen zu geben, die harte Konsonanten enthalten und nicht auf einem lieblichen i enden? Schutz- und ahnungslose Geschöpfis mittels Klicker und einem von vier Quadranten der operanten Konditionierung zu sabbernden Reiz-Reaktions-Maschinen zu degradieren? Ist es nicht pure Gewalt an Gottes Schöpfung, wenn man statt getrockneter Cranberries ein paar vollgesogene Zecken ins Müsli wirft? Oder ist es die Gewalt Gottes, die der Eintagsfliege bereits mittags um zwölf ihre Midlife-Crisis beschert? Ist es nicht rohe Gewalt, fünf Minuten lang mit einer Trillerpfeife in den Wald hineinzuankern, bis auch der letzte Damhirsch einen Tinnitus hat? Darf man empfindliche Hundeohren täglich schrillen Streitereien aussetzen, oder sollte man Familien mit pubertierenden Kindern besser gleich die Hundehaltung verbieten?

Ist Barfen Gewalt am Truthahn, oder kann er sich freier entfalten, wenn er in Pellets gepresst wird? Hat sich die *Tiere suchen ein Zuhause*-Redaktion mit ausreichend Cognac bevorratet, um die angezettelte Diskussion unbeschadet zu überstehen? Sollten wir nicht noch den Krieg Halsband vs. Geschirr ansprechen? Wo hört der Mensch auf? Wo fängt der Hund an? Wo ist mein Tesafilm? Und ist es tatsächlich sinnvoll, ein Stachelhalsband gegen eine kostenlose Markertrainingsstunde einzutauschen, wo doch so viele Irre in der Branche herumlaufen?

Wo wir gerade von Irren sprechen: Nicht wenige Markerfreaks sind in einer Parallelwelt unterwegs und merken gar nichts mehr. So ist es kein Wunder, dass der *Dicke Hund des Jahres* auch in diesem Frühling wieder an die Facebook-Gruppe *Trainieren statt Dominieren* geht für ihre besonderen Verdienste um die gepflegte Belästigung ahnungsloser Sportler.

Engagiert diskutiert wird der Fall der gewaltfrei erziehenden Lioba, deren Bub im Wald einen unschuldigen Jogger stellt. (Kann passieren!) Der Sportsfreund trabt, von seinem Labrador begleitet, auf Lioba zu. (Geht gar nicht!) Er sieht Lioba schon von Weitem und ruft seinen Hund zu sich. (Viel zu laut!) Lioba tut nichts dergleichen. Sie schweigt. (Abbruchsignale sind unerwünscht!) Der unabgebrochene Bub stellt hundert Meter weiter vorne den Feind und pöbelt den nun mehr stehenden Joggi und den sitzenden Labbi in Grund und Boden. (Der Bub kann nichts dafür!)

LIOBA Joggende Hunde sind für uns sehr schwer. Dieser hier war besonders groß, besonders schwarz und besonders gestresst. Ich hatte ihn überhaupt nicht bemerkt, was die Begegnung im Wald noch schwieriger machte. Der Jogger sieht uns und brüllt seinen armen Hund an, denn der wollte schon durchstarten. Der aggressive Tonfall

veranlasste meinen Bub, sofort hinzurennen und die beiden auszubellen. Er mag es gar nicht, wenn jemand laut wird.
Gefällt mir · 31 · 11. Mai um 17:34

Warum läuft der Jogger auch mit einem besonders großen, besonders schwarzen und besonders gestressten Hund durch denselben Wald wie Lioba? Unfassbar, was manche Leute sich herausnehmen. Während der Gestellte und sein gehorsamer Begleiter geduldig von einem Bein auf das andere treten und darauf warten, dass Lioba ihren Randalierer zurück ins Glied beordert, spult diese auf Entfernung ein für Marker-Amateure absolut verstörendes Programm ab:

LIOBA Ich blieb sehr ruhig! Meine Stimme war ganz hell und weich.
»Alles okay!« (Spontaner Einfall)
»Klick.« (Markerwort)
»Liiiiiiiiiiiiiiiiiiiiiiiieeeeb.« (Entspannungswort)
»Klick – – – Kommst Du ZU MIR?«
»TickeTak TickeTak TickeTak« (intermediäre Brücke)
Gefällt mir · 61 · 11. Mai um 18:12

LUISA Toll! Wenn ich doch nur auch schon so weit wäre wie ihr!!!!1111
Gefällt mir · 11 · 11. Mai um 18:16

Allesokayklickliiiiebklickticketak!? Ich mag mir die weiche Stimmlage gar nicht ausmalen. Das Entsetzen des Mannes auch nicht. Vermutlich hält er heute noch nach fliegenden Untertassen Ausschau, die zwei Aliens namens Lioba und Bub aus seinem Wald beamen und sich auf den Rückweg zu Gliese 581 im Sternbild der Waage machen. Dort soll es bewohnte Planeten geben.

Nach dem zwanzigsten TickeTak rennt der Bub zu Lioba

zurück und Lioba in ihre Facebook-Gruppe, um sich über aggressive Jogger zu beschweren. Dafür ist *Trainieren statt Dominieren* der ideale Partner. Hier wird man in seiner verunglückten Sicht auf die Welt positiv bestärkt und erfährt zuverlässige Unterstützung, wenn einen die Realität da draußen nicht mehr versteht.

Die Initiatorin dieser Gruppe – hier schließt sich der Kreis – ist an jenem Sonntag im gewaltfreien *Tiere suchen ein Zuhause*-Feature beim Cesar-Millan-Bashing zu bewundern. Sie mag den Mexikaner nicht, weil er Hunde schubst. Später sagt sie treuherzig über sich und ihre Krausekollegen: »Wir alle arbeiten auch mit aggressiven Hunden. Warum auch nicht, das ist unser tägliches Brot.« Angesichts der Tatsache, dass sie mit großem Erfolg eine Trickdoggingschule betreibt, scheint mir diese glutenhaltige Einschätzung etwas vermessen. In ihrer Region wird es – wie überall anderswo auch – nicht sonderlich viele Besitzer aggressiver Hunde geben, die zur Bewältigung ihrer dringendsten Probleme als Allererstes *trickdogging* googeln.

Ich fürchte, in diesen Kreisen ist die Definition von Problemhund genauso wunderlich wie die Definition von Gewalt. Wo ein lautes NEIN als rohe Gewalt angesehen wird, gilt vermutlich schon als Problemhund, wer vor dem Zubettgehen das Licht nicht selber ausknipst.

Dabei sind die Hunde selber nicht zimperlich.

Als Luna mich damals vom Fahrrad gezogen hat, konnte ich zwei Wochen lang die Haare nur mit der linken Hand waschen. Rippenprellung! Ein Trauma habe ich nicht davongetragen. Ich meide auch nicht. Nach wie vor radle ich gerne und habe Luna lieb. Auch war ich während der Verunfallung mental aufnahmebereit. Ich habe gelernt, dass es keinen Sinn macht, frontal auf Lunas Lieblingsgegnerin zuzusteuern. Dies unterlassen wir jetzt.

Des Weiteren konnten meine Gattin und ich in der Notaufnahme des Krankenhauses große lerntheoretische Erfolge erzielen. Wir wissen nun, dass man einem neu zugezogenen, grantigen Tierheimhalbterrier, der am Sonntagmorgen auf dem Frühstückstisch steht und ein Viertelpfund Demeterbutter frisst, nicht mit dem Zeigefinger droht. Von hier aus einen herzlichen Gruß an den Notarzt. Wir können wieder winken.

Ich bewundere Hunde für die Präzision ihrer Ansagen, für ihre Konsequenz und ihre Durchsetzungsstärke. Sie haben Menschen verdient, die ihnen mit der gleichen Klarheit begegnen. Zu dieser Klarheit gehören weder Tritte, Schläge und Wutgeschrei noch dieser unsägliche Budenzauber aus der Abteilung Klickediklick, Lalalala und Guuuud Booooiii.

Seit Claudia auf Anraten ihres Krauses in der Dämmerung Mülltonnen umarmt, damit sie ihrem Bautz nicht mehr so unheimlich sind, nehme ich in der Szene sowieso keinen mehr ernst.

Showdown im Düsseltal oberhalb von Gut Thunis. Wir befinden uns im Fadenkreuz eines Appenzeller Sennenhundes. Der steht wie eine betonierte Eins zweihundert Meter weiter vorn an der Kreuzung und will nicht weichen. Hinter ihm versucht Frauchen, interessanter zu sein als wir.

Da Brut- und Setzzeit ist, habe ich meinen beiden Entchenkitzundkatztötern fünf Meter lange Leinen an die Halsbänder geknüpft. (»Hals???« – »Ja, Hals! Bitte informieren Sie umgehend Peta, Change Org und den heiligen Bimbam!«) Die Enden sind aneinandergeknotet. So hat mein Doppelpack insgesamt einen komfortablen Aktionsradius von zehn Metern. Wenn sie durchstarten, brauche ich nur zu rufen. Sie sind sich nie einig. Einer zögert immer und bremst den anderen aus. An ganz heiklen Stellen nehme ich das Seil auch mal in die Hand.

Der Appenzeller hat mittlerweile alle vier Pfoten in den Asphalt geschlagen und fixiert uns über die Distanz. Frauchen wirkt ein bisschen unentschlossen und eiert hinter ihrem Hund herum.

Ich setze mich auf eine Bank, damit die Dame in Ruhe »am Hund arbeiten« kann. Bis die Kreuzung frei ist, kann es dauern. Es sieht ganz danach aus, als würde da vorn gerade eine klassische Krauseempfehlung umgesetzt: nicht ziehen, nicht zerren, nicht zetern, nicht blocken; einfach interessant sein, dem Hund eine Alternative zum Starren anbieten und sofort klickern, wenn er das Angebot annimmt und etwas Lobenswertes zeigt.

Zeigt er aber nicht! Das Jokerleckerchen zieht nicht. Koseworte prallen ab. Windmühlenartige Gestik fällt der Ignoranz zum Opfer. Tschüss-Sagen und Rückwärtsrennen, bis die Flexi am Anschlag ist, erzeugt bei der Appenzeller Statue nicht einmal eine hoch gezogene Augenbraue. Mein blinzelndes Hundeweib und ihr großfressiger kleiner Kumpel sind für ihn einfach spannender.

Frau Appenzeller tut mir sehr leid. Solch vernichtende Niederlagen habe ich auch schon hinter mir. Diese endlose Warterei in der Hoffnung, dass der Hund sich von selber einkriegt, weil man Verhalten nicht abbrechen darf. Gundulas Ermahnung im Ohr, grundsätzlich das Gute zu loben und das Schlechte zu ignorieren. Diese Ohnmacht, wenn man wie der Volldepp der Nation neben einem Hund steht, der alle Fäden in der Hand hält und einem mal kurz zeigt, wo der Waldi den Most holt.

AUS MEINER SELIGEN KLICKERZEIT

Seht ihn in der Ferne! Seht!
Wie er hinter Luna steht
Starr wie eines Salzkorns Säule.
Hund geht durch wie hundert Gäule.
Klicker in der Hand statt Keule.
Leckerchen macht Taschenbeule.

Wartenbissiesichbenimmt.
Wartenbissiesichbenimmt.

Im Kleinhirn ist der Teufel los:
»Gott, was mache ich jetzt bloß?
Klicker darf ich nur betätigen,
Um das Gute zu bestätigen.
Darf nicht rucken.
Darf nicht glucken.
Darf nicht mucken.
Darf nicht spucken.
Darf nur warten …

Wartenbissiesichbenimmt.
Wartenbissiesichbenimmt.
Wartenbissiesichbenimmt.
Wartenbissiesichbenimmt.

Wenn sie doch mal schauen würde,
Hunde nicht mehr hauen würde,
Trauend auf mich bauen würde
Einfach mal mit Pfauenwürde
And're – Klick! – passieren ließe,

Mich nicht einen Tölpel hieße,
Auf dass leise Hoffnung sprieße,
Ruhe durch die Adern fließe.

Doch stattdessen steh' ich da,
Mister Volldepp Superstar,
Und muss …

Wartenbissiesichbenimmt.
Wartenbissiesichbenimmt.
Wartenbissiesichbenimmt.
Wartenbissiesichbenimmt.
Wartenbissiesichbenimmt.

Wartenbissiesichbenimmt.

Biiieeep! WDR Verkehrsnachrichten. Die Vollsperrung auf der Kreuzung Diepensiepen-Bracken hinter Gut Thunis dauert noch bis circa zwanzig Uhr. Die Umleitungen sind ausgeschildert. *Biiieeep!*

Das Butterkotze-Duell

Was du hörst:
»In zwanzig Jahren Hundetrainer-Tätigkeit
ist mir so eine Futteraggression
noch nicht untergekommen.«

Was du sagst:
»Hmpf.«

Was dein Hund denkt:
Nehmt mir den Napf weg,
und ich bringe euch alle um!

Mein liebes Katastrophentagebuch

Es sei der siebtheißeste Mai seit Beginn der Wetteraufzeichnungen, schwärmt der Meterologe in den Nachrichten und wischt sich begeistert den Schweiß von der gepuderten Stirn. Die Familie stöhnt. Die Tür von der Küche zum Garten steht den ganzen Tag offen. Alles, was Beine hat – zwei oder vier –, hängt faul herum. Niemand beaufsichtigt die Hunde. Die Herrschaften gehen ein und aus. Sie liegen mal drinnen auf den kalten Fliesen, mal draußen auf dem warmen Rasen.

Luna verschläft altersgemäß Stunde um Stunde. Ab und an wälzt sie sich ächzend von einer Seite auf die andere, ganz nach dem Motto »Das Grillgut bitte in regelmäßigen Abständen wenden«. Wiki hingegen hat sich bei dreiunddreißig Grad noch ein Fünkchen Unternehmungslust bewahrt. Er schaut immer mal wieder in der Küche vorbei, ob einer der hitzeschlappen Zweibeiner nach dem Brötchenschmieren Butter und Aufschnitt nicht weggeräumt hat.

In der Regel wird er fündig.

Nicht alles, was er findet, bekommt ihm auch.

So manche Leckerei trägt er – um es appetitlich auszudrücken – inwändig aus der Küche, um sie draußen mit einem herzhaften WOOOAAAARRRGHHHH auf den Rasen zu stülpen. Den sollte danach tunlichst kein Mensch mehr betreten. Eigentlich sollte überhaupt kein Mensch mehr irgendeinen Rasen zwischen Kiel und Garmisch betreten. Der Meister wacht über das frisch Erbrochene, als handelte es sich um die Goldeinlagen von Fort Knox.

»Papaaa! Kannst du mal kommen?«, ruft Marie genervt.

Butterkotze-Dialoge fangen immer so an.

»Isnlos?«

»Wiki hat in den Garten gereiert und lässt keinen auf den Rasen.«

Ich stelle mich neben Marie ans Fenster. Gemeinsam schauen wir raus.

»Was ist das Gelbe da?«, will ich wissen.

»Butterkotze mit Sahnehering, Äpfeln und Zwiebeln.«

»Mein Sahnehering?«, schäume ich.

»Viel interessanter ist die Frage: Was ist das Schwarz-Weiße neben der Kotze?«, sagt Stella. »Unser Schmusebär ist das jedenfalls nicht.«

Die Verwandlung ist beeindruckend. Im selben Augenblick, in dem Wiki klar wird, dass wir einen Fuß auf das grüne Dings setzen wollen, auf dem er seine wertvolle Beute angerichtet hat, wird aus unserem samtweichen Schätzchen ein brettharter Finsterling. Alle zweiundvierzig schneeweißen Zähne sind entblößt. Das blutrote Zahnfleisch leuchtet in der Abendsonne, als hätte Monet es hingetupft. Der kleine Körper bebt vor Zorn. An der Rückseite peitscht die Rute löwengleich zur Warnung. Aus der Schnauze bahnen sich Geräusche, die an einen heiser schreienden texanischen Metzger erinnern, der mit einer rasselnden Kettensäge die Gartenmöbel samt den darin sitzenden Teenagern schreddert.

»Das geht ja gar nicht«, sagt Stella. »Das ist ein Familienhund.«

»Kommt auf die Familie an«, sage ich. »Zur Addams Family würde er passen.«

»Zu den Flodders auch«, seufzt Stella. »Wie geht Luna damit um?«

»Die liegt da hinten beim Gartenhäuschen und zuckt nicht mit der Wimper«, sage ich. »Das geht ihr glatt am Arsch vorbei.

Sie wartet, bis sein Anfall vorbei ist, und läuft dann seelenruhig durch den roten Bereich.«

»Sie nimmt es halt nicht persönlich«, sagt Stella. »Im Gegensatz zu mir. Ich finde, es ist eine bodenlose Frechheit, dass mir so eine renitente Grützwurst den eigenen Garten verbietet. Du solltest etwas dagegen tun.«

»Wo anfangen?«, klage ich.

»Wir könnten ein Stresstagebuch führen«, sagt Stella.

»Das ist Gundulaquatsch.«

»Nicht für den Hund. Für uns. Wir schreiben eine Zeit lang alles auf, womit er uns zur Weißglut bringt. Dann sortieren wir aus, wofür er nichts kann, weil es unser Problem ist. Übrig bleibt eine Katastrophenliste, mit der du zu einem guten Trainer gehen kannst.«

»Und der macht dann alles weg?«, zweifle ich.

»Keine Ahnung«, sagt meine Frau. »Aber vielleicht hört dann der ein oder andere Mist hier auf. Butterkotze bewachen zum Beispiel.«

Schon am nächsten Tag kaufe ich ein kleines Notizbuch – viel kann bei so einem kniehohen Winzling ja nicht zusammenkommen – und schreibe in Schönschrift *Wikis Katastrophentagebuch* auf die erste Seite. Auf die zweite Seite schreibe ich: *Der kleine Wiki ist ein sehr aufgewecktes Kerlchen und hat auch immer neue Ideen.* Das stand damals auf der Tierheimwebseite direkt neben seinem zuckersüßen Foto. Eine raffiniertere Mogelpackung kann man sich kaum vorstellen.

12. Mai

Der Knabe riecht etwas streng. Die Ursache ist klar wie Kloßbrühe. Vor lauter Aufregung pinkelt sich Wiki immer selber ans Bein. Das liegt daran, dass kein Rüde dieser Welt Hinterbeinchen und Pillermann kontrollieren kann, wenn vorne die Birne die Gegend scannt. Sehen wir es positiv. Wiki arbeitet mit Eigenurintherapie. Folgt man der gängigen alternativmedizinischen Lehrmeinung, wird er also nie unter Allergien, Akne, Schuppenflechte, Neurodermitis, Rheuma, Schlangenbiss, Tollwut oder Haarausfall leiden müssen.

Momentan hat er Luna dermaßen lieb, dass er ihr beim Spazierengehen so nah wie möglich sein will. Mit dem Resultat, dass er jetzt auch ihr ans Bein pisst. Die Dame kümmert's nicht. Nun ja, man muss es mögen.

Immer noch 12. Mai

Ich verlasse die Küche nur ganz kurz. Monsieur hunderttausend Volt springt auf den Abendbrottisch und frisst eine Schüssel mit gemischtem Salat leer. Das habe ich bewirkt. Ich allein! Einfach durch Körpersprache. Ich bin ein Krausegott.

Letzte Woche habe ich in einem Artikel von Sophie Strodtbeck und Udo Gansloßer gelesen, wenn man den Raum verlasse, sei das in den Augen des Hundes ein Zeichen, dass man seine Beute freigibt. Selbst wenn er vorher zehn Stunden anstandslos daneben gesessen hat – sobald er mit dem Objekt seiner Begierde alleine ist, macht er sich darüber her. Rudeltechnisch sei das ein völlig normaler Vorgang. Kein Grund zur Aufregung.

Ich muss zugeben, ich bin wirklich fasziniert von mir. Wie souverän ich die Küche verlasse. Wie ich mit großzügiger Geste und der geborenen Führungskraft innewohnender Souveränität den Salat freigebe. Wie ich über die hölzerne Schwelle schreite, unbändigen Siegerwillen demonstrierend, unwiderstehliches Charisma ausstrahlend, lichterloh Zeichen setzend im Einklang mit mir, meinem Körper und den Planeten. Mein lieber Herr Gesangverein, das hat schon was! Das spüren die Hunde. Wiki kann quasi gar nicht anders, als meinem lautlosen Befehl zu folgen und sofort auf den Tisch zu springen. Es ist also Licht am Ende des Erziehungstunnels. Hoffen wir, dass es kein entgegenkommender Zug ist, in dem lauter Krauses sitzen.

8. Juni

Warum gelingt mir nichts? Sobald es ernst wird, mutiere ich zum Totalversager! Schwachsinnskommandos hingegen etabliere ich innerhalb von nur einer Minute. Gemischten Salat freigeben zum Beispiel. Oder dieses alberne SPÜLI! Das Kommando SPÜLI sitzt bombenfest, seit ich Wiki und Luna nach dem Grillen beim Grillrostablecken erwischt habe und fünfmal SPÜLI säuselte, während die rosa Zungen das Gitter blitzblank schleckten.

Notiz am Rande: Wenn eine ausgelassene Grillrunde voller Nichthundehalter nach dem Essen eine solche Spülszene mitbekommt, werden mindestens zwei leichenblass und kriegen umgehend Herpes, drei weitere gehen brechen, und alle anderen verlassen ganz schnell den Garten, weil ihnen eingefallen ist, dass noch dringende Termine anstehen. Knipst man hingegen diesen Augenblick und postet ihn auf einer Facebook-Seite von Hundeverrückten, erntet man siebenhundertvierzehn begeisterte Gefälltmirs und annähernd ebenso viele Aufnahmen von Hunden, die ähnlich effizient den Grill reinigen. Wenn es eines Beweises bedarf, dass wir Hundehalter wahnsinnig sind, dann ist er das.

12. Juni

Drogenwarnung aus gegebenem Anlass! Wiki war eine Stunde in Sichtweite nicht abrufbar. Er hat Kaninchenkoks gesnifft.

13. Juni

Er hat es schon wieder getan. Dieses Mal nur dreißig Minuten, dafür aber außer Sichtweite. Bin sauer. Suche Streit. Gehe ins Internet.

Haustierforum > Ernährung > ***Wer barft seinen Hund?***

Heute 18:37 wikiherrchen #1

Gar nicht so einfach, eine Katze in den Kong zu stopfen.
Hat jemand Tipps?

Haustierforum > Ernährung > ***Wer barft seinen Hund?***

Heute 18:49 freigänger #2

Katze ist zu proteinhaltig. Die bekommt dem Hund nicht.

Haustierforum > Ernährung > ***Wer barft seinen Hund?***

Heute 18:49 ämstäff #3

Ihr räudiger Hurensöne. Geht sterbm.

Die ersten beiden Reaktionen bekomme ich noch mit. Dann fliege ich aus dem Forum. Lese- und schreibgesperrt für alle Ewigkeiten. Heute klappt auch gar nichts.

14. Juni

Strammen Leinenspaziergang durchgeführt. Es ist nichts Außergewöhnliches passiert. Ich habe mich beruhigt und bin in der Lage, die Kaninchenkoksgeschichte aufzuschreiben, ohne Schnappatmung zu kriegen.

Mein liebes Katastrophentagebuch!

Ein Krause hat empfohlen, die Ohren der anderen Hunde mit Senf einzuschmieren, wenn sich der eigene Hund gern in fremden

Ohren verbeißt. Hätte ich das früher gewusst! Als Luna anfing, sich in fremden Ohren zu verbeißen, bin ich Versager einfach nicht mehr auf die Hundewiese am Jaberg gefahren. Dabei wäre es so einfach gewesen. Auto parken. Hund im Fahrzeug lassen. Wiese mit einem Gläschen Löwensenf Extra betreten. Mit einem jovialen *»Sie gestatten …!«* alle anwesenden Hundeohren mit Senf bestreichen. Kofferraum öffnen. Den Ohrenverbeißer auf die Wiese brettern lassen. Allen Beteiligten freundlich zunicken. Kein Problem mit Artgenossenaggression mehr haben. So wird's gemacht!

Stattdessen waren Luna und ich nach diversen kostspieligen Öhrchenvorfällen geschätzte siebzig Monate lang nicht mehr auf der Hundewiese. Kloppereien gab es nur noch mit ausgesuchten Spielgefährten, die sich psychisch und physisch als extrem stabil erwiesen haben. Bis Wiki zu unserem Rudel stieß. Seitdem fahren wir ab und zu wieder zum Jaberg. Nur um dem höflichen, sozial hochkompetenten Wiki einen Gefallen zu tun. Er spielt doch so gern, der Schatz! Wir gönnen ihm das. Aus purer Nächstenliebe. Für Luna ist der Jaberg nämlich eine Zumutung. Den findet sie so richtig blöd, den Jaberg. Überall diese vierbeinigen, quietschenden Trottel. Missmutig schlappt sie an der Fünfmeterleine, die ausbruchssicher an meine Hose gegürtet ist, neben mir her und schwört, dass sie jeden umbringen wird, der ihr von hinten den Rüssel in die Intimzone ranzt.

Derweil hüpft der freundliche Wiki über die frisch gemähten Wiesen, lernt neue Freunde kennen, rennt und springt wie ein Rehlein, begeistert andere Hundehalter mit seinem putzigen Überschwang und … ja von wegen! Einen Scheißdreck macht er! Kaum leine ich ihn ab, um fünfzehn Uhr siebenundvierzig, rammt er seine Nase ins Gras, nimmt eine Kaninchenfährte auf und jagt los.

Die anderen Hunde guckt er mit dem Arsch nicht an. Eine Stunde lang ist er unansprechbar. Eine Stunde lang sehe ich einen schwarz-weißen, zuckenden Staubsauger über Wiesen fetzen, durch Gräben robben, in Gebüsche hineinexplodieren, Brombeerdickichte sprengen. Ein Hund im Drogenrausch. Eine schmerzunempfindliche Adrenalinbombe. In zwei Wochen wird vermutlich am ganzen Körper der Schorf abkrümeln.

Diese Hatz zu unterbrechen gelingt mir nicht einmal, als er in zwei Metern Entfernung an mir vorbeirast. Dann war wohl der Impuls nicht stark genug, mault mein innerer Krause. Unfug! Ich unterbreche mit massivsten Mitteln! Mit einer zwei Zentner schweren Rappeldose. Mit mir selbst! Ich bin der Unterbrecher. Ich schmeiße meine ganzen hundert Kilo mitten auf die Fährte. Wiki schnauft wie eine Lokomotive um mich herum und bemerkt mich gar nicht.

Es ist unfassbar. Dieser kleine Hund knallt in die Hecken. An allen Seiten spritzen die Kaninchen heraus. Er sieht sie überhaupt nicht! Seine Nase bleibt unten, unten, unten. Immer, immer, immer! Innerhalb von Hundertstelsekunden entscheidet er sich für eine der neuen Wegspritzerfährten und stürmt weiter.

Eine Stunde später steckt der tapfere Krieger in einer Brombeerhecke fest. Als ich ihm aus nächster Nähe meinen Frust ins empfindliche Ohr krakeele, schreckt er auf. Er macht den Eindruck, als erwache er aus tiefster Hypnose. Ich pflücke meinen zerrupften Helden aus den Beeren und trage ihn nachdenklich ins Auto.

Der Jaberg ist gar keine Hundewiese. Er ist eine einzige, kilometerlange, blitzsauber gezogene Linie Kaninchenkoks!

29. Juni

Für den Kaninchenkoks räche ich mich doppelt: mit einer langen Schleppleine und einer langen Nase. Immer wenn Wiki sich mit der Schlepp im Wald verheddert, ist er sehr empört. Als hätte der Wald das extra gemacht! Das sind willkommene Gelegenheiten, um den mürben Scheffstatus mal wieder zu zementieren. Während ich die Knoten löse, singe ich: »Ich hahab Dauuumen und duhuhu nihicht!«

Ich kann mir nicht helfen. Irgendwie klingt das Gekrächze, als käme gleich ein kleiner blutbesudelter Clown mit einer Machete um die Ecke – quasi die erste intermediäre Brücke im Subsonic Stephen King Trance Mix.

12. Juli

Wiki saust in den Garten und kommt nicht zum Wasserlassen, weil er einen Maulwurfshaufen entdeckt und ihn sichern muss. So sieht es von Weitem wenigstens aus. Bei genauerem Hinsehen entpuppt sich der Haufen als eingerollter Jungigel. Wiki faucht mich an wie eine Rakete.

Der Igel ist ein cooler Typ. Wiki will ihn behalten, darf aber nicht. Als ich mich den beiden nähere, nimmt Wiki die Stachelkugel ins Maul und will sie wegtragen. Exakt in dem Moment, wo der Igel Wiki in den Gaumen sticht und erschrocken fallen gelassen wird, sage ich *Aus*. Exzellentes Timing! Wenigstens einmal im Leben.

Einen Tag später spuckt Wiki mir auf Befehl widerspruchslos eine selbst gefangene Maus vor die Füße. Das ist auch gut so. Die Maus ist aus unserem Keller in die Küche emigriert und bis an den Rand vollgepumpt mit Rattengift. Vielleicht klingt meine Stimme dringlicher als sonst? Egal! Wo ist mein Packleader-T-Shirt?

28. Juli

In einem schwachen Moment öffnen wir dem WDR Tür und Tor. Sie drehen einen Beitrag über den Mythos des Alphatiers. Wie sie auf uns kommen, ist mir schleierhaft. Ich bin von einem Alphatier ungefähr so weit entfernt wie ein Wattebausch von einem Drahtschwamm. Aber Wiki ist für diese Hollywoodchance so dankbar, dass er vor laufender Kamera ein Riesenloch in den Garten gräbt und mich aus Leibeskräften anpestet, als ich ihn verscheuchen will. Erschrocken mache ich einen Riesensatz nach hinten. Zu diesem Zeitpunkt weiß ich noch nicht, dass der Regisseur im fertig geschnittenen Beitrag Wikis gekräuselte Schnauze und seine blinkenden Zahnreihen in einem Splitscreen einem drohenden Alphawolf gegenüberstellen wird. Der sieht nämlich genauso aus, wenn er sauer ist.

Es ist schön und artgerecht und wunderbar, dass Wiki seinen inneren Wolf noch besitzt, BERUHIGT MICH ALS HARMLOSEN FAMILIENHUNDEHALTER ABER NICHT DIE BOHNE!

Danach gehen wir mit Luna, Wiki und der Kamera eine Runde spazieren. Für den zweiten Teil, der *Sanfte Hundeerziehung im Trend* heißen soll, möchte der Regisseur schwierige Hundebegegnungen filmen. Gleich hinter dem Parkplatz begegnen wir einem mikroskopisch kleinen Yorkshire, damit Luna mal ordentlich vorführen kann, wie sie angesichts überirdischer Bedrohungen detoniert.

Mittlerweile weiß ich, dass sie auf Bestellung gar nichts macht. Der Yorkie ist ihr wurschtegal. Dafür flippt Wiki aus. Jetzt macht es den Eindruck, als wäre der Meister der Beuteaggression zu allem hin auch noch leinengestört. Dabei kommt er doch prima mit anderen Hunden aus? Ich verstehe die Welt nicht mehr. Wenigstens lässt er mich anschließend störungsfrei in die Kamera jammern, dass meine Hunde mich nicht gewaltfrei erziehen. Man muss auch für Kleinigkeiten dankbar sein.

19. August

Bald startet die Lesesaison wieder. Als verantwortungsvoller Autor erarbeite ich einen Warnhinweis fürs Publikum:

Wiki nimmt gerne Sachen in Besitz, die ihm nicht gehören. Die Brisanz der Situation erkennen Sie an folgenden Merkmalen. Der Hund stürzt sich mit seinem ganzen Körper auf Ihre Handtasche, wird steif wie ein Brett und beginnt, in den Warnfarben Rot-Weiß zu leuchten. Sie sehen schneeweiße Zähne und blutrotes Zahnfleisch. Im Großen und Ganzen wirkt er wie ein Geschöpf, das von Stephen King auf einem Indianerfriedhof beerdigt worden ist und sich nach einer Woche von selber wieder ausgegraben hat. Dazu faucht er wie Darth Vader. Wenn wir heute Abend dieses Geräusch hören, verhalten wir uns ruhig. Wir nehmen ihm nichts weg! Wir warten einfach ab und hoffen inständig, dass innerhalb von Sekunden dieser berühmte Satz fällt: »Lassen Sie mich durch! Ich bin Hundetrainer!«

11. September

Zum Geburtstag hat Wiki einen Schweinehuf bekommen und sein erstes eigenes Mauseloch. Danach durfte der Jubilar zur Feier des Tages ausnahmsweise in den Rabatten liegen. Am liebsten hätte ich eine kleine Infotafel dazugestellt: *Schnarchiges Radaukräutchen (Wikilea faulenzis); ideale Pflanzzeit Mitte Juli bis Mitte September an halb schattigem Standort; bedingt winterhart.*

Auch interessant: Während Wiki den Schweinehuf zu kleinen weißen Kugeln verarbeitet, die anderntags aus seinem Hintern krümeln, verwahrt Luna die geschredderten Knorpel gastrointestinal und kotzt sie vier Stunden später auf den Teppich. Sie bewacht sie nicht. Sie geht einfach weg. Ich hätte nie gedacht, dass ich mal so erleichtert bin, wenn ich Kotze wegschrubben darf.

14. September

Ein wilder Herbst. Die liebe Luna und der liebe Michi absolvieren das Rauferwochenende bei Nadin Matthews. Ich benehme mich vorbildlich. Luna auch. Sie kloppt sich mit der Malamutin Dasha, dass die Fetzen fliegen. Abends gibt es bei uns zu Hause Kürbissuppe für die Gäste. Wiki, der sich den ganzen Tag fürchterlich gelangweilt hat, gestaltet seine eigene Raufergruppe. Er prügelt sich unter dem Küchentisch mit Faust, Nadins fünfmal schwererem Owtscharka, und gibt auch nicht auf, als sich der Dicke einfach auf ihn drauflegt.

Tapferer kleiner Bär!

22. September

Laut Tierheimangaben soll Wiki eine Mischung aus kleinem Münsterländer und Jack Russell Terrier sein. Ich entdecke im Internet eine alte niederländische Hofhundrasse, den Stabyhoun. Auf den Züchterseiten sehe ich nur Hunde wie ihn. Vielleicht ist er ja gar kein Mischling, sondern ein reinrassiger Stabyhoun, der seine Papiere verlegt hat? Es würde zu ihm passen.

Viele Eigenschaften des Stabyhouns treffen auf ihn zu. Zum Beispiel hopst Wiki gern über den Zaun, fällt den DHL-Sprinter an und verschwindet nach getaner Arbeit im Dickicht. Das machen Stabys auch. Man spricht hier von geringer Hoftreue. Das klingt viel professioneller als: »Hey, der Arsch haut wieder ab!«

30. September

Wikis neues Schild ist da. Eine schwere Platte aus gebürstetem Edelstahl mit den ausgestanzten Buchstaben VORSICHT HUND. Es hängt genau an der Stelle, wo er immer über den Gartenzaun fliegt und die Verbrecher stellt. Also die potenziellen Verbrecher. Also irgendwie jeden. Weil man nie wissen kann.

Das Böse steckt ja in uns allen.

6. Oktober

Das Geschäftsjahr neigt sich dem Ende zu. Aus gegebenem Anlass eine Inventur der gemopsten und bewachten Beutestücke im zweiten und dritten Quartal:

Sport-BH
Chorizo-Rucola-Stulle
Anti-Allergie-Asthma-Spray
Bulli-Schlüssel
Schuh (Sport)
Schuh (Business)
Schuh (Lieblings-Chuck, links)
Zwei muffige Spüllappen
Leere Tüte Chips Oriental
Volle Tüte Chips Chakalaka
Bruce Springsteen & The E-Street Band Live/1975–85
Mutter Erde aus Märchenwolle
Rasenmäher Mc Culloch 00096-71.746.01 wegen toter Maus im Grasfangsack
Päckchen Trolli Sour Gummi Peach Hearts (Halal)
Zwei schweineteure Rindsbratwürstchen (Typ Shanghai Tiger. Aus der Düsseldorfer Metzgerei Inhoven. Meisterliche Handwerksqualität seit 1938)
Eine antiquarische Ausgabe von – – –

»Ich glaube, ich lasse es!«, stöhne ich und schmeiße den Kuli in die Ecke.

Stella wirft mir einen Blick zu, mit dem Außeriridische in

schlechten Filmen alles zwischen San Francisco und New York verdampfen lassen.

»Nein, du lässt es nicht«, sagt sie.

»Es hilft doch eh nix.«

»Keine Chance.«

»Wir können ganz gut damit leben, Schatz, oder?«, versuche ich mein Glück erneut. »Das Management aus der Distanz ist okay. Die Kinder sind erwachsen. Wir Alten sind noch nicht senil. Und die Butterkotze kann er behalten. Die will doch hier eh keiner haben.«

»Nicht witzig!«

»Außerdem hat Mirko Tomasini in der Sendung, wo sie den Wolf neben Wiki gestellt haben, gesagt, das sei alles nicht so wild, er deeskaliere ja nur. Wir könnten das alles einfach so lassen.«

»Vergiss es!«

Ich blättere verzweifelt in meinen Unterlagen.

»Guck doch mal!«, sage ich und tippe mit dem Finger auf die Seiten. »Jagt, haut ab, beißt, klaut, verliert aus kleinstem Anlass die Nerven, bellt zu laut, springt die Leute an, kneift Omi in die Finger … ich weiß nicht, ob wir mit der Liste überhaupt einen Trainer finden. Höchstens einen, der das große Geld wittert.«

»NEIN!«

»Verhaltensoriginell ist das neue Individuell«, fasele ich.

Die Gattin fängt leise an zu knurren.

Sie hat Terrierqualitäten.

Dr. Jekyll und Mr. Hyde

Sehen wir der brutalen Realität pfeilgerade ins Auge: Wir leben mit einer gespaltenen Persönlichkeit zusammen. Dr. Jekyll hopst in unsere Arme und schmust uns stundenlang schwindelig. Mr. Hyde mutiert über geklautem Futter zu einer Bestie und beißt gnadenlos die Hand, die ihn nährt. Beide Herren residieren im Körper unseres fünfjährigen Münsterländerjackrussellmischlings, von dem das Tierheim nicht nur schrieb, dass er immer neue Ideen habe, sondern auch, dass er sehr übermütig sei und es – wortwörtliches Zitat – »eventuell gelegentlich zu Missverständnissen« kommen könnte. *Eventuell gelegentlich!*

Zum allerersten eventuell gelegentlichen Missverständnis kam es bereits am zweiten Tag seiner Anwesenheit in unserer Familie. Das war vor fünf Jahren. Der Neuankömmling stand auf dem Küchentisch und fraß unser Sonntagsfrühstück.

»Du gehst sofort da runter«, hat meine Frau damals gedonnert und ihn vom Tisch schubsen wollen. Der Nächste, der etwas gesagt hat, war der iranische Notarzt in der Ambulanz des Haaner Krankenhauses: »Möchten Sie eine örtliche Betäubung, während ich Ihre Wunde versorge?«

Seither versuchen wir, nicht gebissen zu werden. Das gelingt uns einigermaßen gut. Das übermütige Kerlchen hat im Laufe der Zeit drei Beutekategorien entwickelt. Wenn man diese kennt, ist man in der Lage, die von ihm geforderte Individualdistanz einzuhalten und verletzungsfrei durchs Haus zu schreiten.

Zum Beutetyp *Classic* gehören Non-Food-Artikel wie Topflappen, Kerzen oder Dessous. In diesen Fällen dürfen wir uns Mr. Hyde auf anderthalb Meter nähern, bevor er wie eine Muräne unter dem Tisch hervorschießt.

Beutetyp *Gold* beinhaltet sämtliche Nahrungsmittel vom Magerjoghurt bis zum rheinischen Sauerbraten mit Rotkohl und Klößen. Hier ist eine Annäherung auf vier Meter problemlos möglich. Danach wird es kritisch.

Der Beutetyp *Platinum* umfasst nur zwei Dinge: Erbrochenes und Mauselöcher. Wer hier einen Radius von sechs Metern unterschreitet, spielt mit dem Leben seiner Zehen. In Wikis Augen ist Erbrochenes nur ein anderer Aggregatzustand von Gourmetküche; das Mauseloch hat er sich im Schweiße seines Angesichts hart erarbeitet. Da versteht er keinen Spaß. Er faucht wie ein Achtzylinder und vergräbt alle Zähne im Schuh seines nichts ahnend in den Platinumradius schlurfenden Gegenübers. Dieser sollte keine Sandalen tragen!

Andächtig sehen wir zu, wie der Köbes fünf Alt und fünf Schweinehaxen mit Kraut auf unseren Tisch stellt. Die *Fuchsjagd* und ihre monumentale Küche werden mir immer sympathischer. Das meiste jedenfalls. Manch rheinische Spezialität ist im Hundenapf besser aufgehoben als auf meinem Teller. Ich meine, wer kombiniert schon freiwillig Apfelmus mit Blutwurst? Eine erschütternde Vorstellung. Wiki würde sich reinsetzen.

»Er hat wieder Erbrochenes bewacht«, informiere ich die anderen und spare nicht mit unappetitlichen Details.

»Der Typ ist wahnsinnig«, sagt Juppi und säbelt unbeeindruckt ein Stück Haxe ab. »Beim Grillen neulich hat er seine Kotze nicht mal im Stich gelassen, als ich mit einer Bratwurst wedelte.«

»Das Zeug auf dem Rasen ist ihm halt wichtiger«, sagt Ralf. »Immerhin stammt es aus seinem tiefsten Inneren. Es ist das Persönlichste, was man haben kann.«

»Butterkotze???« Peter ist fassunglos.

»Wurstkotze auch«, sagt Ralf kauend.

»Neulich habe ich nach Krauses gegoogelt, die sich mit Futteraggression auskennen«, erzähle ich und lege ein Zettelchen auf den Tisch. »Dabei habe ich diese zehn Gesetze gefunden, wie Hunde ihr Eigentum regeln. Ich habe keine Ahnung, wer das geschrieben hat. Aber er muss genauso gelitten haben wie wir.«

Wie Hunde ihr Eigentum regeln

1. Wenn ich's mag, ist es meins.
2. Wenn ich's im Maul habe, ist es meins.
3. Wenn ich's dir wegnehmen kann, ist es meins.
4. Wenn ich's vor 'ner Weile schon mal gehabt habe, ist es meins.
5. Wenn's meins ist, hast du keine Chance, dass es wieder deins wird.
6. Wenn ich was zerkaue, sind alle Teile meins.
7. Wenn's so aussieht, als ob es meins wäre, dann ist es meins.
8. Wenn ich's zuerst gesehen habe, ist es meins.
9. Wenn du etwas weglegst, mit dem du gespielt hast, ist es automatisch meins.
10. Wenn's kaputt ist, ist es deins.

»Ansonsten war die Suche nicht sehr ergiebig«, fahre ich fort. »Die unterrichten alle SITZ, BLEIB und PFÖTCHEN. Wir brauchen aber das Kommando LÖS DICH IN LUFT AUF, SAUSACK!«

»Vielleicht wäre da PLATZ das Richtige«, grinst Walter. »Ich meine jetzt das richtige *Platz*, also das, wo ...«

»Wir wissen schon, was du meinst«, nickt Juppi. »Und wer wischt die Sauerei hinterher auf?«

»Hattet ihr nicht mal eine Rappeldose im Einsatz?«, will Peter wissen. »So eine Coladose mit Steinen drin?«

»Münzen«, sage ich. »Münzen waren drin. Und es war keine Cola, sondern eine Halbliterdose Wicküler Pils. Das hat ja auch total gut geklappt. Also in den seltenen Fällen, wo Wiki seinen Anfall genau unter dem Küchenregal bekam, wo die Dose immer stand. In neun von zehn Fällen spazierte ich aber unbewaffnet in der Gegend herum. Das hat der Hund kompromisslos ausgenutzt. Der hat ganz schnell spitzgekriegt, dass ich mich ein bisschen schwertue, morgens um zehn mit einer Bierdose durch die Gegend zu rennen. Wie sieht das denn aus? Showdown am Mauseloch – in der Hauptrolle der Alkoholiker vom Viertel?«

»Dann hättest du halt Fanta nehmen sollen«, sagt Ralf.

»Nach Wiki kann man nur mit Wicküler werfen«, sagt Walter.

»Bier oder Fanta, Dose ist Dose«, winke ich ab, schiebe mir den letzten Rest Krautsalat in den Mund und lege die Gabel beiseite. »Das Problem mit diesen Hilfsmitteln ist einfach, dass du sie nie dabeihast, wenn du sie brauchst. Ich würde das gerne körpersprachlich erledigen. Ihn mit Körperhaltung von der Beute vertreiben, durch bloße Ausstrahlung das Fauchen abstellen. Gestik, Mimik, irgendwas. Mein Körper liegt eben nicht auf dem Küchenregal, wenn ich mit den Hunden unterwegs bin. Den habe ich immer dabei.«

»So sollte das bei ungespaltenen Persönlichkeiten auch sein«, brummt Juppi.

»Vielleicht frage ich ja doch Nadin«, denke ich laut nach. »Lunas Schwitzkasten funktioniert immer besser. Die regt sich kaum noch auf, wenn ich sie rechtzeitig am Schlafittchen zu fassen kriege. Außerdem hat Nadin letztes Jahr mal ein Seminar gegeben, das hieß *Hunde, die halt Menschen beißen*. Klingt ziemlich entspannt, oder?«

»Halt??«, staunt Peter

»Ja«, sage ich. »Sie findet das wohl nicht so tragisch.«

»Das ist doch mal ein guter Anfang«, nickt Juppi.

Walter legt mit Nachdruck ein zerfleddertes Buch auf den Kneipentisch. Auf dem Titel ist ein Gewitterhimmel zu sehen und die vielversprechende Aufschrift *Montalcino und seine Weine.*

»Mal was anderes«, sagt er. »Angenommen, wir schaffen es tatsächlich, irgendwann im nächsten Jahr leibhaftig in der Toskana aufzuschlagen und nicht nur drum herum zu planen, wollen wir dann auch einen Ausflug in die Gegend von Montalcino machen? Oder fahrt ihr lieber ans Meer?«

»Wir können überallhin ausfliegen.«

»Wein ist immer gut.«

»Meer auch.«

»Wir machen beides.«

»Meine Hunde saufen da aber immer Salzwasser.«

»Wenn's schmeckt.«

»Und kotzen hinterher ins Auto.«

»Dann brauchen wir wenigstens nicht abzuschließen.«

»Wieso das denn?«

»Die Karre klaut keiner, wenn der Irre auf dem Rücksitz die Kotze hütet.«

»Was soll ich?«, hauche ich anderntags entgeistert ins Telefon.

»Du sollst stolz sein auf dein Problem«, wiederholt Nadin geduldig. »Und du sollst aufschreiben, was andere Hundehalter dafür tun müssen, um auch so ein tolles Problem zu bekommen wie du.«

»Verstehe«, sage ich und verstehe nichts.

»Es ist nur ein Perspektivwechsel«, beruhigt mich Nadin. »Wenn du Schwarz auf Weiß siehst, was du bewusst und unbewusst schon alles getan hast, um Wikis Verhalten zu fördern, weißt du auch, was du in Zukunft vielleicht besser lassen solltest. Vielleicht entdeckst du aber auch Dinge, die einfach nicht zu vermeiden sind, weil sie zu euren Lebensumständen gehören.«

»Das heißt dann, es wird nie aufhören?«

»Kann sein«, sagt sie fröhlich. »Aber das sehen wir dann, wenn wir praktisch mit ihm arbeiten. Schreib du erst mal deinen Besinnungsaufsatz.«

Mach ich!

In Schönschrift.

Liebe Hundehalter!

Wir haben ein Problem: einen Familienhund mit einer Futteraggression! Wir finden, das ist ein wunderbares Problem. Eines, auf das wir ein bisschen stolz sind. Das hat nämlich nicht jeder. Andere haben nur ein kleines Problem. Dass der Hund nicht ordentlich bei Fuß läuft oder die Pfoten nicht abstreift, bevor er das Haus betritt. Wer auch so ein tolles Problem haben möchte wie wir, orientiere sich bitte an dem folgenden Acht-Punkte-Programm:

Erstens
Ihr müsst euch komplett frei machen von eurer ganzen Hundeerfahrung. Mal den Sachverstand abwerfen. Weg mit dem Ballast, der euch nur in der Entfaltung hemmt! Ihr müsst euch in diesen unschuldigen Hundehalter-Urzustand zurückversetzen, in dem ihr wieder Sachen faselt wie: »Aber er wedelt doch mit dem Schwanz. Er freut sich.«

Zweitens
Ihr müsst sorglos sein! Vor allem, wenn ein Krause euch vor dem Hundekauf warnt: »Ein Münsterländer/Jackrussellmix? Der wird jagen wie der Teufel und die Beute mit Leib und Leben verteidigen!« Wenn ihr diese Worte hört, müsst ihr abwinken und antworten: »Andere vielleicht. Aber der doch nicht.« Von diesem Moment an solltet ihr auch nicht mehr Münsterländer sagen, sondern nur noch Münsti.

Drittens
Ihr müsst mit Teenagern zusammenleben, in deren Zimmern es aussieht wie nach einem Granateneinschlag. Auf dem Boden ein wildes Durcheinander von Wäsche, Leibchen, Schuhen, Make-up-Utensilien, halb eingenommenen Mahlzeiten, verkrusteten Müslischälchen, Apfelgröbsern und dreiviertelleeren Chipstüten. Diese Teenager sollten morgens vor der Schule zuverlässig vergessen, die Türen ihrer Zimmer zu schließen. Nur eine halbe Stunde später rennt ihr barfuß in die Katastrophe und lasst euch in die Zehen hacken. Vom Münsti!

Viertens

Wenn der Hund so leidenschaftlich klaut wie ein Rabe und nichts lieber macht als Zerrspiele, solltet ihr eine Wäschetonne mit einem leicht abnehmbaren Deckel bereithalten.

Fünftens

Ihr müsst in einem alten Haus leben mit einem total verkorksten, extrem verwinkelten Grundriss, sodass hinter jeder Tür und jeder Ecke ein Hund mit Diebesgut liegen kann, der euch unversehens ins Gesicht springt, weil er gerade drei gemopste Walnüsse bewacht.

Sechstens

Ihr müsst gedankenlos in Haus, Garten, Feld, Wald und Flur unterwegs sein, damit ihr wieder und wieder in die gleichen blöden Konfliktsituationen hineinrauschen könnt.

Siebtens

Alles, was eurem Hund etwas bedeutet, muss für ihn gut zugänglich sein! Mit anderen Worten: Ihr müsst eurem Hund mördermäßig viele Gelegenheiten bieten, damit er seine Beuteneurose ausleben und ausbauen kann.

Achtens

Ihr braucht unbedingt Internet! Das macht wunderbar unsicher. Merke: Zum Thema Futteraggression reden und schreiben diejenigen am meisten, die das Problem nie hatten.

»Warum darf der denn nicht ungestört essen?«

»Das ist keine Futteraggression. Das ist Verlustangst.«

»Tauschen klappt immer!«

Nein, tut es nicht! Außerdem will man Kotze auf dem Rasen nicht tauschen. Das Zeug will man gar nicht haben. Man will nur wieder in den Garten dürfen.

Was wir erst im Nachhinein in einem Gespräch mit dem Tierheim erfahren haben, aber wohl ein todsicherer Tipp ist, um speziell bei explosiven Jagdhundterriermixen eine ordentliche Beuteaggression zu generieren: Man muss ihn als Junghund an die Heizung binden, weil einem sein Gehampel und Möbelgeknabber tierisch auf die Nerven geht. Ein bisschen Futter, Decke und Spielzeug dazu geben, zehnmal am Tag versehentlich in den Hund hineinrennen, der nicht wegkann – fertig ist der Beißer! Spätestens nach drei Monaten hat man Angst um seine Kinder und gibt den Kleinen ins Heim.

Wenn er Glück hat, landet er danach in einem Haushalt voller Wahnsinniger, die auf merkwürdige Hundeprobleme stehen. Und die zuverlässig auf den anbetungswürdigen Charme reinfallen, mit dem Dr. Jekyll alles wieder gut macht, was Mr. Hyde anrichtet.

Der Alukätzchenfighter

In ihrem Buch *Wir müssen reden* schreibt Nadin Matthews augenrollend: »Es gibt Kundinnen, die kommen in die Beratung und bringen ein paar Leute mit: Cesar Millan, Martin Rütter, andere Hundeprofis und mindestens zwanzig Hundehalterinnen aus einem Internetforum. Alle haben etwas zu sagen, nur die Kundin ist kaum noch zu verstehen.«

All das habe ich bei unserem ersten Treffen auch dabei. Genauer gesagt: eine zerkaute Wasserpistole, die den Beuteverteidigungsvorgang zu keiner Zeit wirksam unterbrochen hat, weil sowohl Dr. Jekyll als auch Mr. Hyde Wasser sehr gerne mögen; einen angebissenen Mittelfuß, weil man einen fauchenden Wiki im Verteidigungsfall besser nicht nach Cesar's Way mit der flachen Sohle des Flipflops in die Flanke stupst; meine zerbeulte Rappeldose, die hervorragend funktioniert, aber leider nie zur Hand ist, wenn ich sie brauche; eine Familie, die hinter mir steht, allerdings nur um Dampf zu machen; sowie eine wild fantasierende Facebook-Gruppe, die meine Hunde adoptieren und mich vierteilen möchte.

LISA Der wirft mit Schlüsseln nach den Fellnasen und ist auch noch stolz darauf.
Gefällt mir · 18 · 8. Juli um 19:12

LARA Versager! Arme Fellnasen! Der Arm wurde ihm übrigens bei seinem dämlichen Cesar-Millan-Nachahmungstraining zerbissen.
Gefällt mir · 23 · 8. Juli um 19:15

LENA Geschieht ihm völlig recht. Der hätte ruhig mehr abkriegen können.
Gefällt mir · 56 · 8. Juli um 19:16

LAURA Wie kann man bloß einen Hund vom Welpenalter an so versauen!?
kopfschüttel
Gefällt mir · 5 · 8. Juli um 19:23

LOLA Die Fellnasen sollten ihm abgenommen werden.
Gefällt mir · 9 · 8. Juli um 19:25

LINA Gut versichert mag er ja sein. Wenn das Kind totgebissen wird, hilft das aber auch nicht weiter.
Gefällt mir · 1 · 8. Juli um 19:28

ATZE Wieso haben eure Hunde Fell auf der Nase? Ich würde mal zum Tierarzt gehen.
Gefällt mir · 9 · 8. Juli um 19:32

Die Ratschläge aus dem Hundeforum behalte ich für mich. Nadin muss ja nicht jeden Idiotenkreis kennenlernen, in dem ich mich herumtreibe. So richtig gute Tipps waren auch nicht dabei. Nach einer tagelangen Aufwärmphase, in der ausgiebig darüber diskutiert wurde, warum es denn unbedingt sein müsse, dass man einem Hund das Essen wegnehmen könne, man selber werde ja auch sofort grantig, wenn einem in der Pizzeria der Teller unter der Nase weggezogen würde, führten nur noch diejenigen das große Wort, die noch nie einen futteraggressiven Hund zu Hause hatten. Sie glaubten, das glückliche Beisammensein rund um den Futternapf liege an ihren Führungsqualitäten und nicht am friedfertigen Charakter ihres Hundes. Was für ein Quatsch sei das denn, schrieb ich zurück. Luna könne ich den Rinderknochen aus der Schnauze winden, und sie sehe mich dabei so treuherzig an, als liebte sie mich auch noch dafür. Aber selbst dieser Hinweis brachte die Diskutanten nicht von ihrer messerscharfen Diagnose ab, ich hätte eine miese Bindung zu meinen Hunden und könne mich nicht angemessen durchsetzen.

»Diesen ganzen Blödsinn schmeißen wir jetzt einfach mal über Bord«, sagt Nadin. »Was ist dein Ziel?«

Jetzt nur nicht lumpen lassen, denke ich. Warum sich mit kleinteiligen Zwischenschritten aufhalten? Am besten gleich nach den Sternen greifen.

»Er soll mit Knurren aufhören, sobald er mich sieht«, fantasiere ich fröhlich. »Auf Entfernung also. Falls das nicht klappt, käme ich natürlich auch damit klar, wenn ich das Fauchen durch Handauflegen verschwinden lassen könnte. Eins von beiden sollte es aber schon sein.«

»Vielleicht noch Wasser in Wein verwandeln?«, will Nadin wissen, während sie sich auf den Boden kniet und darauf wartet, dass Wiki neugierig angetrabt kommt. »Mal sehen, was dein Hund dazu sagt.«

Es sind besondere Momente, wenn Nadin sich mit Hunden unterhält. Viel Bewegung ist nicht zu sehen. Sie legt Wiki die Hand auf die Seite und zieht ihn zu sich. Mehr als einen federleichten Druck spürt er nicht. Er findet das trotzdem blöd und sucht nach Auswegen. Der Fachmann, also jeder außer mir, spricht von Exitstrategien. Wiki antwortet mit seiner Lieblingsexitstrategie: nach vorne abtauchen und wegrennen. Nadin lässt das nicht zu und hält ihn sanft an der Brust zurück.

Exitstrategie zwei – Po auf den Boden drücken und abwarten, was als Nächstes passiert – funktioniert ebenfalls nicht. Nadin stützt seinen Hintern, er kann sich nicht setzen. Strategie Nummer drei ist sein letztes Mittel: auf den Rücken werfen, Babygesicht machen und Bauch kraulen lassen. Auch das klappt nicht. Nadin will, dass er den Kinderkram lässt und erwachsen bleibt.

Nach zwei Minuten steht Wiki immer noch auf allen vieren und spürt den leichten Zug hin zu Nadin. Ich sehe förmlich, wie es hinter seiner Stirn rattert. Er drückt gegen ihre Hand, rudert noch ein bisschen vor und zurück. Nach drei Minuten lässt er es geschehen und sinkt brummend auf ihren Schoß. Na gut, scheint er zu denken, mach' ich's halt. Aber nur ausnahmsweise, weil Sonntag ist und die Sonne scheint.

Der zweite Teil ihrer Unterhaltung sieht von Weitem genauso aus. Mit dem Unterschied nur, dass Nadin Wiki nicht zu sich zieht, sondern fast unmerklich von sich wegdrückt. Im ersten Moment sind Wikis Antworten dieselben wie vorher: Strategie eins, zwei, drei. Als er damit wieder nicht durchkommt, wird er steif wie ein Brett, reckt den Hals, formt die Augen zu Schlitzen, fixiert Nadin über den Nasenrücken und beginnt drohend zu knurren. Im Gegensatz zu vorher kein *Na gut, mach' ich's halt,* sondern ein klares *Drück weiter, du Ziege, und ich hack dir in die Finger*. Er bewegt sich keinen Millimeter von Nadin weg.

»Was war das denn?«, staune ich.

»Denk mal an die Butterkotze«, sagt sie. »Du hast erzählt, dass du ihn nach einer gewissen Zeit von der Stelle, wo das Zeug liegt, abrufen kannst und er dann zu dir kommt. Willst du ihn hingegen wegschicken, dann knallt's. Das hier war im Grunde dieselbe Situation. Nur im Kleinen. Ich kann ihn zwar zu mir ziehen, aber wegdrücken kann ich ihn nicht.«

Sie erhöht den Druck auf Wikis Seite ein bisschen. Sein Knurren wird lauter.

»Wenn ich jetzt weitermache, wird er aggressiv.«

Ich gebe zu, dass mich der Gedanke, bei unserer kleinen Wundertüte mit nur einer winzigen Bewegung den Beißreflex auslösen zu können, nicht sonderlich beruhigt. Jetzt bloß nicht einknicken, denke ich. Kernig wirken, Tatkraft ausstrahlen, Testosteron versprühen. Sonst merkt der noch was.

»Dann gehen wir das Problem mal an!«, schnarre ich. »Äh, w-wie genau?«

»Das muss ich mir noch überlegen«, sagt Nadin. »Als Erstes muss er lernen, jemanden in diesen Situationen neben sich zu dulden.«

»Also mich?«

»Ja, erst mal dich.«

»P-prima. Und wie?«

Wir sehen den Herren Jekyll und Hyde hinterher, die fröhlich aus der Küche in den Garten hopsen und gemeinsam einen Zitronenfalter aufs Korn nehmen.

»Wir arbeiten mit der Alukatze.« Nadin denkt laut nach. »Du müsstest nur einen Maulkorb besorgen. *Dackel fünf* könnte passen. Hättest du eventuell Lust, ihn auf ein Seminar mitzubringen?«

Alukatze? Dackel fünf? Seminar?

»Bahnhof«, sage ich. »Was ist eine Alukatze?«

»Ein kleines Aluschälchen mit Katzenfutter. Das kostet nur neunundneunzig Cent und schmeckt den Kandidaten immer besonders gut. Wir setzen Wiki mit einem Maulkorb davor und schauen mal, was alles möglich ist. Maulkorbform *Dackel* in Größe fünf müsste eigentlich passen.«

»Und was war das mit dem Seminar?«

»Ich würde gerne für interessierte Hundetrainer ein Seminar zum Thema Futteraggression veranstalten. Wiki ist dafür der ideale Kandidat. Ein echtes Lerngeschenk, würde ich mal sagen.«

»Da sind dann sicherlich auch noch andere Hunde mit ähnlichen Problemen?«, frage ich in der stillen Hoffnung, nicht der alleinige Idiot auf dem Seminargelände zu sein.

»Nein, Wiki wäre der einzige«, entscheidet sie. »In all den Jahren ist mir so eine merkwürdige Futteraggression noch nicht untergekommen.«

»Hmpff!«, mache ich.

»Ich meine, wer verteidigt schon allen Ernstes seine eigene Butterkotze gegen Menschen, mit denen er seit fünf Jahren zusammenlebt und denen er in allen anderen Situationen tief vertraut? Dieser Hund ist in dieser Beziehung so sensationell gestört, mit dem fülle ich locker drei Seminartage.«

Ich werde blass und schaue etwas hilflos aus dem Fenster. Mein sensationell gestörtes Lerngeschenk widmet sich mit Inbrunst einem Mauseloch. Der Zitronenfalter ist mit dem Leben davongekommen. Der Rasen muss dafür bezahlen. Die Buddelbeinchen graben tiefer und tiefer, die Nase schnorchelt im Dreck, die Mäuse spritzen nach allen Seiten aus ihren Notausgängen.

Ich gehe da lieber nicht hin.

Nur wenige Wochen später sitzt Wiki knurrend im Hof von Sophie Strodtbecks Seminarkneipe in Oberrimbach und beantwortet ungeduldig die Fragen der umstehenden Krauses. Nein, diese Alukatze lasst ihr mal schön in Ruhe! Genau, das Teil gehört mir! Denkt nicht mal dran! Nein, näher als fünf Meter kommt ihr auf keinen Fall. Ja, der Maulkorb ist scheiße. Ach was, der hindert mich nicht am Hacken. Wie – wohin? In deinen Fuß natürlich. Nein, ich gehe immer noch nicht weg. Lös du dich doch selber in Luft auf, du Pfosten!

Die Krauses kommen aus ganz Deutschland und machen mich etwas nervös. In der Mehrzahl handelt es sich bei ihnen um erfahrene Hundetrainer, die es in ihrem Beruf gar nicht so selten mit wirklichen Problemhunden zu tun haben. Also solchen, die ihren Besitzern ohne Wenn und Aber an die Wäsche wollen. Hunde, die so riesig sind wie anatolische Kangals und kompromisslos gucken wie Chuck Norris, Kanaillen, die nicht nur drohen und kurz abschnappen, sondern ihren Lieben tatsächlich im Arm hängen oder im Hüftspeck. Diese mit allen Wassern gewaschenen Krauses stehen da, staunen mein fauchendes Wutpäckchen an und murmeln so beunruhigende Sätze wie:

»Heilige Scheiße!«

»Man glaubt's ja nicht, wenn man's nicht gesehen hat.«

»Dass ihr sowas in eure Familie holt …!«

So langsam kriege ich Panik vor diesem Hund. Wo soll denn das enden? Immerhin werden wir bereits in vierundzwanzig Stunden wieder gemeinsam im Auto sitzen müssen. Bei hundertvierzig Sachen auf der Überholspur einen explodierenden Zehnerkracher zu beruhigen, der mein Parmaschinkentomatemozzarellabrötchen geklaut hat, gehört nicht zu meinen Kernkompetenzen. Luna ist in diesen Situationen auch keine große Hilfe. Wenn Wiki seine Anfälle kriegt, dreht sie sich einfach brummend auf die andere Seite und pennt weiter. In Ruhe lassen ist die beste Medizin, denkt sie, diese fünf geistesgestörten Minuten gehen auch ohne mein aktives Zutun vorüber.

Auf meinen Einwand, dass die aggressiven Hunde in ihrer Praxis doch bestimmt um einiges schlimmer seien als meiner, schütteln die Krauses den Kopf. Diese Hunde seien zwar gefährlicher, wird mir erklärt, aber dafür sei ihr Verhalten vorhersehbar. Mit einer sauberen, statusgebundenen Aggression könne man umgehen. So ein Hund kämpfe nämlich nicht nur ab und zu, sondern bei jeder sich bietenden Gelegenheit. Er verteidige sein Futter, lasse keinen in seine Nähe, wehre sich gegen den Maulkorb, flippe beim Bürsten aus, beim Anleinen und beim Weihnachtsliedersingen wahrscheinlich auch. Damit könne man gut leben, weil die Gefahr sich einschätzen lasse. Aber so einer wie der hier – man zeigt beeindruckt auf mein süßes Untier –, der wie betoniert neben seinem Alukätzchen hockt, der sei ja völlig unberechenbar. Erst schmuse er einen wund, dann beiße er einen blutig. Schönen Dank auch.

Nur Mario ist nicht so ganz überzeugt. So wild sehe das alles nun auch nicht aus, wirft er ein. Wahrscheinlich brauche der Knabe nur mal eine klare Ansage, dann sei das Problem vom Tisch.

Eine sehr interessante Hypothese, finden die Krauses, was wohl der Hund dazu sage. Ich ahne, was er sagen wird, sage aber nichts. Nadin geht es genauso. Sie kennt ihre Pappenheimer und würde gerne auf die Überprüfung dieser Hypothese verzichten. Die anderen Krauses überstimmen sie. Es herrscht Einigkeit. Sie möchten wirklich gerne sehen, was passiert, wenn Wiki mit einer klaren Ansage konfrontiert wird. Ich willige ein. Mein kleiner Hund wird bei einer solchen Aktion keinen Schaden nehmen. Mit klaren Ansagen kennt er sich aus. Da sie an ihm abperlen, als wäre er teflonbeschichtet, werden sie auch nicht in seine unschuldige Seele dringen und dort nachhaltige Traumata verursachen.

Nach längerem Hin und Her beschließt Nadin, Marios geforderte klare Ansage in drei Intensitäten umzusetzen: beim ersten Mal eine eher moderate Fassung, beim zweiten Mal die deftige Version und beim dritten Mal eine Bedrohung Marke *Voldemort*. So könne man am besten sein Verhalten beurteilen. Sie verwette aber jetzt schon ihre Großmutter, dass dieser Hund nicht flüchten, sondern Aggression mit Aggression beantworten werde.

Sie drängt Wiki entschlossen von der Alukatze weg: stampfende Schritte, Körper wie eine Bogensehne gespannt, den Kopf voller finsterer Vorsätze. Hunde muss man nicht anschreien, um sie zu bedrohen. Sie lesen Gedanken. Wenn sie darin lesen, dass es ihnen jetzt an den Kragen geht, ist das bedrohlicher als aufgebrachtes Menschengeschrei.

In der sanften Version weicht Wiki fauchend zurück, hackt mit seinem Drahtmaulkorb unermüdlich in Nadins Wanderschuh, bricht nach fünf Metern die Attacke ab und wieselt zu seiner Alukatze zurück.

Als Nadin die Intensität der Bedrohung um eine Stufe steigert und ihn erneut abdrängt, hält er beim Zurückweichen den Kopf in Kniehöhe, sein Fauchen wird leiser, die Konzentration steigt. Ich habe das Gefühl, dass er seine Kräfte sammelt, um im richtigen Moment herzhaft in ihr Knie zu beißen. Bevor das passiert, bricht Nadin die Übung ab.

Beim dritten Mal – Variante *Voldemort dreht dir jetzt persönlich den Hals um und macht eine Bratwurst aus dir* – gibt Wiki keinen Ton mehr von sich. Stattdessen fletscht er die Zähne, stellt sich auf die Hinterbeine und stemmt sich dem Zurückschieben entgegen. Sein Kopf ist weder auf Fuß- noch auf Kniehöhe. Er ist direkt in Nadins Schoß! Keiner der Umstehenden möchte wissen, was geschehen wäre, trüge er keinen Maulkorb. Den anwesenden Herren schrumpft schon beim bloßen Zusehen das Gemächt auf Erdnussgröße.

»Hat jeder mitbekommen, was bei einer *klaren* Ansage passiert?«, will Nadin im Anschluss wissen.

Alle nicken stumm.

»Je klarer die Ansage, desto intensiver die Bedrohung«, fährt sie fort. »Manche Hunde lassen sich davon beeindrucken und drehen ab. Manche interessiert das nicht die Bohne. Bei Wiki ist es noch mal anders. Es beeindruckt ihn sehr, aber er wehrt sich trotzdem mit allen Mitteln dagegen. Aus irgendeinem Grund kann er nicht freiwillig weichen. Vielleicht liegt es ja wirklich daran, dass die Vorbesitzer ihn im Welpenalter an die Heizung gebunden haben. Er wirkt auch dann wie angebunden, wenn er nicht angebunden ist. Bei der Alukatze stehen ihm alle Fluchtmöglichkeiten offen. Dreihundertsechzig Grad Freiraum um ihn herum. Trotzdem weicht er nicht. Was für ein tapferer, kleiner Kerl!«

Abends telefoniere ich mit Stella und erzähle begeistert von allen Diagnosen und Hypothesen des Tages. Ich schwärme von Fuß-, Knie- und Schoßangriffen, berichte von stummen Alukätzchen und explodierenden Halbterriermünsterländern, gestehe freimütig meine Ahnungslosigkeit ein und natürlich meine große Überraschung darüber, wie sehr unser niedlicher, kleiner Sausack mit seiner außergewöhnlichen Futteraggression die Fachwelt fasziniert.

»Na prima«, sagt Stella zum Schluss. »Jetzt habe ich auch Muffensausen.«

Alukatzen-Workout. Tag 1

Wir haben einen Arsch voller Hausaufgaben bekommen. Zehn Minuten pro Tag sollen wir zwei um die Alukatze herumturnen und im Konflikt zueinanderfinden. Mindestens vier Mal pro Woche! Die Krauses waren zuversichtlich. Zum Abschied haben sie alle beruhigend mit den Augen gekniept, den Kopf gewiegt und gesagt:

»Gut machst du das!«

»Das wird schon!«

»Ihr SCHAFFT DAS!«

Jetzt stehe ich hinter dem Haus neben unserer ersten eigenen Alukatze. Luna hat sich im sicheren Abstand unter einem schattigen Baum auf den Rasen gepflanzt. Ich schaue Wiki an. Er guckt zurück und wedelt mit dem Schwanz. Dieser Hund sieht aus, als hätte er nicht den leisesten Zweifel daran, dass er DAS schafft.

»Ich glaube, wir fangen morgen an«, sage ich, nehme ihm das Maulkörbchen ab und lasse ihn kommentarlos die Alukatze leer schlecken.

Alukatzen-Workout. Tag 2

Ich habe mir in Gedanken genauestens zurechtgelegt, was ich heute tun und erreichen will. Das ist ja ein beliebtes Credo vieler Krauses: Sei im Kopf auf alles vorbereitet, dann kannst du überlegt reagieren und machst keine spontanen Fehler.

Los geht's! Wiki auf den Rasen setzen. Alukatze öffnen und fünf Meter weiter weg platzieren. Neben der Alukatze aufstellen. Wiki rufen. Er soll zu mir kommen und mit mir Augenkontakt aufnehmen. Mit mir! Nicht mit der Alukatze!

Wiki kommt und nimmt mit der Alukatze Augenkontakt auf.

Ich lege meine Hand auf Wikis Kopf, streichle ihn sacht und warte, was passiert. Die Hand auf dem Kopf dient dem Kontakt im Konflikt. Das Streicheln soll ihn erkennen lassen, dass keine Bedrohung zu erwarten ist, sondern nur ein Mensch neben ihm steht, der ihm nichts Böses will. Laut Lehrbuch müsste Wiki nach einer kurzen Bedenkzeit, in der es in seiner kleinen Murmel rattert wie beim mündlichen Abitur, den Kopf nach oben drehen und mich anschauen. Angepisst oder freundlich, ganz egal. Die

Stimmung spielt keine Rolle. Hauptsache, er starrt nicht mehr die Beute an, sondern mich.

Wie sich herausstellt, hat Wiki das Lehrbuch nicht gelesen. Er hypnotisiert unbeirrt die Alukatze und faucht. Rrrrrr-rrrrrrrrrr!

Alukatzen-Workout. Tag 3

Ich lege meine Hand auf Wikis Murmel und warte, was passiert. Er hypnotisiert die Alukatze und faucht. Rrrrrrrr!

Alukatzen-Workout. Tag 4

Ich lege meine Hand auf Wikis Murmel und warte, was passiert. Er hypnotisiert die Alukatze und faucht. Rrrr!

Alukatzen-Workout. Tag 5

Ich lege meine Hand auf Wikis Murmel und warte, was passiert. Er hypnotisiert die Alukatze und faucht. Rr!

Alukatzen-Workout. Tag 6

Ich lege meine Hand auf Wikis Murmel und warte, was passiert. Er nimmt den Kopf hoch und schaut mich an! Ich hopse vor Freude durch den ganzen Garten.

Alukatzen-Workout. Tag 10

Wir tanzen um unser Alukätzchen wie die Tango-Weltmeister. Ich gehe mit Wiki hin, ich gehe mit ihm weg. Er läuft, den Blick auf mich gerichtet, ohne zu zögern über die Alukatze, wenn ich ihn zu mir rufe. Ich lasse ihn neben der Alukatze sitzen und entferne mich langsam. Er hält meinen Blick. Er hält ihn auch noch, als ich wieder auf ihn zulaufe und mich neben ihn stelle. Ich lege ihm meine Hand auf den Kopf und schiebe das Schälchen mit dem Fuß unter seiner Nase weg. Wiki guckt das Futter nicht mit dem Hintern an. Immer wenn er meinen Blick sucht, mache ich es ihm ganz wohlig. Das ist wahrscheinlich alles nur Zufall.

Alukatzen-Workout. Tag 13

Trainingsfrei. Wir schauen zur Entspannung etwas YouTube und danken dem Herrn, dass wir nicht an eine Gundula mit einer Schwäche für intermediäre Brücken geraten sind. Allein die Vorstellung, zwölf Monate lang auf meinen Krawallhamster einsingen zu müssen, damit er sich in seiner katatonischen Starre über der gemopsten Knoblauchwurst wohler fühlt, verursacht bei mir chronisches Zucken um die Mundwinkel.

Unverdrossen summen sie auf YouTube LALALA beim Zahnsteinentfernen und MIMIMI beim *Fußlaufen*, JAJAJA beim Hinlegen und WULLIWULLI beim Duschen. Vorsichtshalber ist bei der Mehrzahl aller Videos die Kommentarfunktion deaktiviert worden. Das ist vernünftig.

Alukatzen-Workout. Tag 15
Es ist kein Zufall! Sein Verhalten hat sich grundlegend geändert. Wenn Wiki etwas in Besitz genommen hat, starrt er nicht mehr auf das, was zu seinen Füßen liegt, sondern auf den, der vor ihm dumm rumsteht. Der Dummrumsteher darf jederzeit an seine grüne Seite treten, ohne dass er knurrt wie der Hund von Baskerville. Geräusche macht er schon noch. Es ist aber eher so ein harmloses Brummen. Wie Frau Mahlzahn, wenn man nicht aufrecht in der Schulbank sitzt.

Vorbei die Zeiten von Butterjudo und Mauselochkarate. Friede, Freude, Alukatze! Morgen kommt der Maulkorb ab.

Alukatzen-Workout. Tag 16
Freudig stelle ich die geöffnete Alukatze auf die Terrasse. Die Handykamera ist installiert. Den Film werden wir auf Facebook hochladen. Nadin und die Seminarkrauses sollen alle sehen, wie gut wir die Futteraggression gemeistert haben.

Ich nehme eine lässige Hollywoodpose ein und rufe Wiki zu mir.

Er rennt an mir vorbei direkt zur Alukatze und frisst sie komplett leer. Als ich neben ihn trete und ihm beruhigend die Hand auf den Kopf lege, flippt er total aus und beißt mir volle Lotte in meinen yakledernen Sicherheitsschuh.

Alukatzen-Workout. Tag 17
Maulkorb ist wieder drauf!

Alukatzen-Workout. Tag 22
Mein Hund spult gemeinsam mit mir in aller Friedfertigkeit unsere Übungen ab. Bilanz nach zehn Minuten: ein Null-Fehler-Ritt über den Parcours.

Für einen wie mich, der mit beiden Beinen fest auf dem Schlauch steht, ist dieser Hund einfach zu schlau. Sobald ich ihm den Maulkorb aufsetze, weiß er genau, welches Verhalten an der Alukatze verlangt wird, und macht alles, was ich will. Ich muss nicht mal sprechen. Schon geringste Körpersignale genügen, und der Meister läuft wie am Schnürchen. So macht das Training einfach keinen Sinn mehr. Frustriert werfe ich das Drahtgestell in die hinterste Ecke des Kellers.

Ein Krause hat mal gesagt, manchmal müsse man volles Risiko fahren, um zu wissen, wo man stehe. Das werde ich tun. Gleich morgen früh. Am nächstbesten Mauseloch!

Maulkorbloses Mauseloch-Workout. Tag 1
Eigentlich bin ich ja nur neugierig, ob Wiki sein Mauseloch gegen einen duftenden luftgetrockneten Rindfleischwürfel aus biologisch-dynamischem Anbau tauschen möchte. Nein, will er nicht! Stattdessen fällt er in seine wohlbekannte Starre und bedroht mich. Klar, er hat ja keinen Maulkorb auf. Da kann man wieder gepflegt die Sau rauslassen.

In meiner Not knalle ich ihm die Leckerchenbüchse vor die Füße. Bei dem Geschepper schreckt er hoch. Er sieht aus, als tauchte er aus einer anderen Welt auf und erkennte mich jetzt erst.

Leise brummelt er vor sich hin. Dieses Brummeln kenne ich. Das macht er auch beim Abtrocknen. Das ist sein Spielbrummeln. Danach zerren wir immer am Handtuch. Ich freue mich. Der Personal-Wake-up-Call hat ihn offensichtlich aus seiner Starre herausgerissen und empfänglich für meine Signale gemacht.

Herzzerreißend albern säusele ich: »Wo sind die Moooiseeee!«

Er brummelt leiser. Meine Hand fährt aus, um auch das letzte bisschen Spielbrummeln wegzustreicheln, das aber in Wirklichkeit gar kein Spielbrummeln ist! ZACK! RACK! WACK! Schon hängt er mir mit allen Zähnen im Arm!

Tröstliche Erkenntnis: Das tut gar nicht mal sonderlich weh.

»Sag mal, hättest du nicht Lust, mit mir zusammen noch mal ein Seminar zu geben?«, will ich von Nadin wissen, als wir meine verkorksten Trainingseinheiten Revue passieren lassen. »Vielleicht unter dem Titel *Was tun, wenn Krausetipps ums Verrecken nicht fruchten?* Ich würde einen Tag lang aus dem Nähkästchen plaudern, und du müsstest nur ab und zu rot werden.«

»Klar«, lacht sie. »Das ist ein wunderbares Thema.«

»Wieso das denn?«

»Weil man an so einem Tag wirklich spannende Fragestellungen behandeln kann. Warum wird automatisch erwartet, dass nach einem Training die Macken des Hundes verschwinden? Ist es wirklich so dramatisch, wenn sich beim Hund wenig tut und dafür beim Menschen viel? Wir könnten aufzeigen, was innerhalb eines Beratungsprozesses passiert, wie sich Ziele verändern, Methoden dem Team anpassen und was der Begriff Umbewertung mit Problemlösung zu tun hat.«

»Bei mir hat sich viel getan?«, frage ich stirnrunzelnd.

»Aber ja«, sagt sie. »Du bist ein ganz anderer als zu Anfang.«

»Quatsch! Ich bin immer noch derselbe Körperklaus wie vorher. Ich habe nur keine Angst mehr vor Wiki. Es blutet ja kaum.«

»Siehste.«

»Ich habe noch zehn Alukatzen übrig. Willst du die haben, oder soll ich sie noch wegtrainieren?«

»Vergiss die Alukatzen! Nimm ihn, wie er ist, und mach das Beste draus!«

Ich beobachte meine zwei Süßen im Garten. Wiki werkelt eifrig an einem neuen Loch und schnorchelt erbost vor sich hin. Was genau sich in seiner Knutschbärenbirne abspielt, weiß nicht mal er selber. Aber eine wird ihn immer verstehen: Luna. Die alte Freundin liegt in respektvollem Abstand unter einem Baum und schaut ihm gelassen beim Buddeln zu.

»Läuft bei dir?«, fragt sie.

»Mein Loch!«, schnaubt er.

»Klar, Mann, dein Loch.«

»Ich wollt's nur gesagt haben.«
»Sowieso.«
»Wie spät isses eigentlich?«
»Gleich sechs.«
»Dann gibt's bald Essen, oder?«
»Ja.«
»Muss ich Gas geben.«
»Buddel du mal in Ruhe zu Ende. Dann gehen wir rein.«

Die Waternapfgate-Affäre

Was du hörst:
»Möchtest du nicht Hundetrainer werden?«

Was du sagst:
*»Interessante Anregung.
Warum eigentlich nicht?«*

Was du denkst:
*Lieber hänge ich in Haan-Gruiten
bewusstlos überm Zaun.*

Plädoyer für ungezogene Krausehunde

Seit bekannt wurde, dass meine Hunde mich nicht gewaltfrei erziehen, mehren sich die empörten Stimmen. Ein halbes Dutzend Mal haben die beiden mich schon vom Fahrrad gezogen. Viele finden das so erschütternd, dass sie mich den Hunden wegnehmen wollen. Hunde, die die Bedürfnisse ihres Menschen derart ignorieren, so argumentieren sie, dürfen keine Zweibeiner halten. Zudem sehe es mit meiner artgerechten Auslastung ganz schlecht aus. Ich hätte ja so gut wie keine Zeit mehr für Literatur, Bier und Sportschau, weil ich immerzu mit den Hunden rausmüsse.

Ich möchte an dieser Stelle Entwarnung geben. Aus zwei Gründen. Erstens ist der letzte Sturz schon lange her. Ich kann beide Hände wieder schmerzfrei über den Kopf heben und damit meine Haare shampoonieren. Zweitens haben Luna und Wiki der rohen Gewalt abgeschworen. Sie klickern mich jetzt.

Klick! Ich fülle die Futternäpfchen. Ich fülle sie freudig. Ich fülle sie abwechslungsreich. Ich fühle mich nicht dazu gezwungen. *Klick!* Ich radle zum Metzger nach Gruiten und schaue, was es Leckeres gibt. Ich kaufe zwei Kilo Rinderfilet und drei Zentimeter Hundewurst. Das Filet fressen die Hunde. Mit der Wurst bestätigen sie mich positiv. *Krrck!* Der Klicker ist im Eimer. Wiki sagt auch dauernd, Luna soll beim Klickern nicht so fest zubeißen. Aber das Weib hört ja nicht. *Klick!* Ich fahre nach Düsseldorf in den Fachhandel und besorge einen neuen Zehnerpack Klicker. *Klick!* Ich fülle die Futternäpfchen. *Klick!* Ich denke, das Prinzip ist klar geworden.

Demnächst wollen sie mit mir den *Doppelten Türauf* trainieren. Sie meinen, ich sei bald so weit, wir müssten nur aufpassen, dass mich die Türklinke nicht traumatisiere. Das Umorientierungssignal RUFF soll mich veranlassen, von der Arbeit aufzusehen. Meinen zügigen Gang zur Terrassentür wollen sie mit dem sanften, aber druckvollen Ankersignal JAPS JAPS JIEPER begleiten. Wenn es mir gelingt, die Klinke angstfrei in die richtige Richtung zu drücken, also nach unten, werde ich abschließend mit dem Markersignal WAFF belohnt. Danach werden die beiden ein bisschen unbeaufsichtigt im Viertel promenieren, und ich darf Fußball gucken.

Natürlich hätte ich gerne unkompliziertere Hunde. Freundlichere Hunde. Unauffälligere Hunde. Hundsnormale Hunde halt. Vor allem Hunde, die einen Spaziergang nicht aus heiterem Himmel in einen Spießrutenlauf verwandeln, indem sie sich unvermittelt auf einen Schäferhund stürzen und ihm klarmachen, es interessiere keine Sau, dass diese Grünfläche seit zwölf Jahren sein Revier ist, und er solle sich bitte mal über einen Eigentümerwechsel Gedanken machen, andernfalls werde man ihm auf der Stelle den Arsch aufreißen. Zumindest Luna sagt das. Wiki hupft in gebührendem Abstand um die beiden herum und kreischt: »Genau! Genau! Genau! Genau!«

Ich hechte in solchen Fällen dazwischen und versuche, die beiden Streithähne auseinanderzupflücken. Um mich herum stehen in der Regel vier tatenlose, aber dafür laut schreiende Rentner. Drei rufen so etwas Ähnliches wie WAH! WAH! WAH!, treffen aber keinerlei Anstalten, mir zu Hilfe zu kommen. Ein Vierter krakeelt wie ein Besessener nach allem, was Uniform trägt:

Polizei, Ordnungsamt, Landesjagdverband, GSG 9, Feuer- und Bundeswehr. Dazwischen rutsche ich auf den Knien und riskiere meine Epidermis. Meist gehört der gegnerische Hund gar nicht dem lautesten Krakeeler. Der hat gar keinen Hund. Ihm geht es ums Prinzip. Leute wie ich und meine Hunde müssen von der Straße! WAH! WAH! WAH!

Mein einziger Trost an Tagen wie diesen ist: Ich bin nicht allein!

Ollis Hündin zum Beispiel kümmert sich weder um Olli noch um Ollis »HIER!!!«, sondern knallt kaltschnäuzig in eine Hundeschulgruppe und mischt sie einmal komplett auf. Franziskas Halbstarker ist beim Gruppenspaziergang zum Thema *Pöbeln an der Leine – Lösungen und Strategien* weit und breit mal wieder der Einzige, der an der Leine pöbelt. Evelyn bindet sich die Schleppleine um den Bauch und lässt sich, nachdem ihr Schnucki mit ihr fertig ist, das Loch im Kopf mit acht Stichen nähen. Daniels Hündin kackt jedes Mal auf den Wohnzimmerteppich, wenn Herrchen es wagt, das traute Heim ohne sie zu verlassen. Marian lässt Lucy nur von der Leine, wenn sie Buch und Kaffee dabeihat und in den nächsten fünf Stunden keine Termine anstehen. Vrenis Rüde öffnet Küchentüren, hat ein Jagdproblem, frisst, bis er kotzen muss, und schläft im Bett. Auf Vreni!

Olli, Franziska, Evelyn, Daniel, Marian und Vreni sind keine Freunde aus der Schwererziehbarengruppe, sondern … Hundetrainer! Krauses! Das ist so schön, mir fehlen fast die Worte!

Luna, Wiki und ich fühlten uns schon immer zu Krauses hingezogen, die ein ähnliches Martyrium durchgemacht haben wie wir. Es nützt uns wenig, wenn hinter unserem Problemhundetrainer ein kreuzbraver, durchkonditionierter Border Collie trottet und herabfallende Eicheln hütet. Nein! Ich möchte, dass mein Krause so gelitten hat wie ich. Wenn ich *»O Mann, gestern ist uns das Halsband gerissen!«* jammere, will ich kein neugieriges

»Aha? Erzähl mal!« hören, sondern ein empathisches *»Du brauchst gar nicht weiterzureden. Ich weiß genau, wie du dich fühlst.«*

Wir Krawallmausinhaber – ich darf getrost für alle sprechen – schätzen Hundetrainer, die es nicht nur im Kopf haben, sondern auch im Bauch fühlen. Die selber einen Hund besitzen, der gelegentlich neben dem Gleis läuft; der nicht wie am Schnürchen hinter ihnen her zickzackt, sondern sie einmal pro Woche ordentlich auflaufen lässt. Krauses, die wissen, wie es ist, wenn der eigene Hund einen anderen plattmacht und vier vor Entsetzen kreischende Betroffene die standrechtliche Erschießung verlangen. Einem solchen Krause müssen wir nicht lange klarmachen, wie mies wir uns fühlen, wenn unser Herzenshund ausrastet und uns nach allen Regeln der Kunst bloßstellt. Es sind Krauses, die ihre Grenzen kennen und unsere Probleme am eigenen Leib durchlebt haben. Die erzählen uns nichts vom Pferd. Die handeln und wissen, was möglich ist und was nicht.

Morgens nach einem Fest steht Ulli mitten auf der Dorfstraße über einer zerdepperten Schüssel Nudelsalat. In ihrer linken Hand zuckt ein grollendes Herdenschutzweib von der griechischen Müllkippe, rechts ein schreiender Terrier, während ihre kleine Rumänin sich wutentbrannt auf den malinoisen Erzfeind stürzt. Susannes Hunde überfallen zu fünft mit lautem Gebell das Rudel einer ahnungslosen Gassigängerin, die fast einer Herzattacke erliegt. Christels Herdenschutztschechenwolf versucht im zarten Welpenalter, Thomas Baumann höchstpersönlich auf einem Seminar in den Senkel zu stellen. Normen nennt einen mehrfach genagelten Mittelfinger sein Eigen, nachdem ihm sein altdeutscher Hütehund Tacker gezeigt hat, wo Bartel den Most holt. Bernhards Boomie hat ebenfalls Perforationshintergrund, seit er am Hundestrand einer wildfremden Frau in die saftige Wade biss. Sophie kassiert acht Löcher von ihrem zwölf Wochen alten Beagle. Das ist nicht gut. Aber immer noch besser als zwölf Löcher von einem Achtwöchigen.

Natürlich gehört eine gute Portion Mut, Wahnsinn und Ignoranz dazu, sich mit so einem Hund auszustatten und damit beruflich in Erscheinung zu treten. Ich kann jeden verstehen, der sich das nicht traut. Der eigene Hund ist quasi die Arbeitsprobe. Man möchte doch gelungene Sachen zeigen. Ein Werbetexter hat ja auch keine missglückten Kampagnen in der Bewerbungsmappe. Statt der peinlichen Anzeigenserie über die nachhaltige Umweltfreundlichkeit von Atomkraftwerken glänzt er lieber mit einem lustigen Joghurtspot.

Aber spannend wäre es schon, und ein Beispiel außergewöhnlicher Kompetenz noch dazu. Also wenn Güni, der Agilitytrainer, keinen Border Collie über den Parcours jagte, sondern einen hoch motivierten Neufundländer. Oder wenn Horst, der herbe Schutzdienstler, mit einem bärenstarken Retromops aufliefe; oder wenn Gundula von der Markerfraktion mit einem Fünffachbeißer aus dem Tierheim ränge, statt einem Will-to-please-Wedler vom Welpenalter an das Hirn aus der Schale zu klickern. Bei denen würden wir sofort buchen.

Zehnerkarte über Zehnerkarte!

»Zehnerkarten?«, staunt Juppi und winkt einen Köbes mit fünf frischen Kölsch an unseren Tisch. »Ich dachte, die Hundekurse hätten sich für euch erledigt.«

»Haben sie ja auch«, sage ich. »Das war jetzt nur so im Überschwang dahergesagt. Wir drei kommen zurecht. Es ist, wie es ist. Wiki und ich knallen eben alle vierzehn Tage einmal zusammen, und bei Luna hilft der matthewsche Schwitzkasten. Was will ich mehr? Es ist beschlossene Sache. Wir lassen unser Leben erziehungsfrei ausklingen. Das schont die Nerven.«

Wir sitzen nicht in der Düsseldorfer *Fuchsjagd* beim Alt, sondern mitten in der Kölner Altstadt in der *Ständigen Vertretung*. Das hat Gründe, die in der Worringer Schlacht zu suchen sind. An jenem Vormittag des fünften Juni zwölfhundertachtundachtzig haben sich Merkwürden Siegfried von Westerburg, seines Zeichens Erzbischof von Köln, und Graf Adolf aus der Grafschaft Berg bei Düsseldorf ordentlich aufs Maul gehauen. Der Bischof verlor die berühmte Schlacht auf der Fühlinger Heide südlich von Worringen. In der Folge erhielt Düsseldorf die Stadtrechte und Graf Adolf dortselbst eine prunkvolle Residenz. Seither brauen die Kölner andersfarbiges Bier und können die Düsseldorfer nicht mehr so gut leiden. Umgekehrt gilt dasselbe. Es ist aber nichts Ernstes, eher eine folkloristische Abneigung. Dennoch: Wenn man einen kleinen Stammtisch pflegt, bei dem drei aus der Gegend von Düsseldorf kommen und zwei aus der Nähe von Köln, muss um des lieben Friedens willen ein strenger Proporz gewahrt werden.

Walter hat Reiseführer mitgebracht. Wir machen Nägel mit Köpfen. Eine Woche Siena soll es werden, inklusive einer Wanderung durch das Orcia-Tal und eines Salzwasserbrechausflugs ans Mittelmeer. Der genaue Termin erfordert eine längere Kalenderrauferei, die vom Eintreffen der warmen Mahlzeiten unterbrochen wird. Der Köbes serviert schwungvoll die Haxen mit Krautsalat aus kölscher Herstellung. Sie sind klein und knusprig. Peter ist zufrieden.

»In der *Fuchsjagd* wiegen die Haxen neuerdings dreizehnhundert Gramm«, tadelt er. »Plus zwei Riesenbatzen Kartoffelbrei und Sauerkraut. Wer soll denn das alles essen?« Er stupst mit dem Messer in das Fleisch. »Mit dem Ding hier komme ich besser zurecht.«

»Dafür ist im Krautsalatsud kein Düsseldorfer Senf«, sagt Walter.

»Das wäre ja noch schöner«, sagt Ralf.

Ich sage nichts. Ich habe Hunger.

»Die Krauses haben es jedenfalls nicht leicht mit euch Hundehaltern«, mampft Juppi nach einer Weile. »Heute hüh und morgen hott. Die eine Hälfte kann nichts, und die andere Hälfte traut sich nichts. Aber Mordsansprüche an den Trainer stellen. Für mich wäre das kein Beruf.«

»Wollten wir nicht selber mal eine Hundeschule gründen?«, fragt Ralf. »Erinnert sich noch jemand?«

»Klar erinnere ich mich«, sagt Walter kauend. »Das war vor zwei Jahren nach dem Entenessen.«

»Ich weiß. Im Vollsuff!«

»Im Vollsuff entstehen die besten Businesspläne.«

»Hundeschule *Blauer Halter* hätte sie heißen sollen.«

»Jetzt fällt's mir wieder ein.«

»Ein sensationelles Trainingskonzept war das!«

»Stimmt! Die Rotweinmethode.«

»Je besoffener das Herrchen, desto entspannter der Hund.«

»Wir hätten den Markt aufgerollt, hätten wir.«

»Von hinten nach vorn und wieder zurück.«

»Es ist wirklich ein Trauerspiel, wenn einen die Umstände daran hindern, seine Jugendträume zu verwirklichen.«

»Jugendträume? Mit zweiundfünfzig?«

»Lamentieren hilft auch nichts. Heute geht das jedenfalls nicht mehr.«

»Was geht nicht? Eine Hundeschule eröffnen?«

»Wieso das denn nicht?«

»Paragraf elf«, raune ich.

Von blauen Haltern, seltsamen Ämtern und dem Paragrafen elf

Vor dem 1. August 2014 war die Welt noch in Ordnung. Da hätten ein Abfallwirtschaftsfachmann, zwei Ingenieure, ein Controller und ein Werbetexter unter Zuhilfenahme geistiger Getränke einfach mal so eine Hundeschule aufmachen können. Das durfte damals jeder, der einigermaßen in der Lage war, bis sechs zu zählen: Schnauze, Rute, Bein, Bein, Bein, Bein. Oder man behauptete einfach, ohne rot zu werden, man laufe seit fünfzehn Jahren unfallfrei mit seinem Dackel um den Block und sei jetzt Hundeverhaltenstherapeut. Diese Bezeichnung ist nicht geschützt. Die kann sich jeder unter den Nagel reißen. Dementsprechend bunt gestaltete sich die Szene. Ein Amateur jagte den nächsten, ein kruder Erziehungstipp den anderen.

COACH COUCH DOGGYS Deine Hündin hat im Mutterleib zwischen zwei Rüden gelegen und viel zu viel Testosteron abgekriegt. Wie kannst du sie da noch mit Ochsenziemer füttern?! Mit getrocknetem Bullenpenis! Mann, Mann, Mann! Manche lernen's nie!
Gefällt mir · 12 · 31. August um 16:12

HUNDEVERSTEHER-NRW***PREMIUM** Stellen wir den Ungehorsam beim Hund doch einfach dadurch ab, dass wir ihm sofort/rechtzeitig die nötigen «Gehorsam-zeigen-wirksamen-Signale« geben, damit er »keinen Ungehorsam« mehr ausführen kann.
Gefällt mir · 7 · 24. Dezember um 20:23

Neben den fünf Handvoll bundesrepublikanischen Hundeverstehern gab es im Fernsehen einen Hundeflüsterer aus den USA, eine Hundeflüsterin aus Hamburg und als Krönung der sprachbasierten Erziehungskompetenz den Hundeschweiger aus Österreich. Aus der Schweiz erreichten den interessierten Hundehalter Trainingsvideos einer Hundeschule, die ein scharfes »NEIN!« als Abbruchsignal strikt ablehnte und stattdessen empfahl, »SCHEIIIIISSSSEEEEE!« in den Wald hineinzubrüllen. Hätte es damals einen Verband kynologischer Psychopathen gegeben und hätte dieser Verband die Auszeichnung *Goldene Blutwurst für* EPIC FAIL *am Vierbeiner* verliehen, die Schweizer wären mit Sicherheit auf der Shortlist gelandet. Zusammen mit der Hundeschule *Fellnasenträumchen* aus Trottlikon-Idiotlikon.

HUNDESCHULE FELLNASENTRÄUMCHEN Tipp für alle, die sich nicht zwischen Lululu, Jawajawa und Bobobobo entscheiden können: Nehmt einfach alle drei! Lululu ist euer Ankersignal beim Rückruf, Jawajawa eure intermediäre Brücke beim Duschen und Bobobobo das Keep-Going-Signal beim Buddeln.
Gefällt mir · 326 · 14. Januar um 18:53

Wer gerne ausgiebig spazieren ging, buchte *Energetische Hundeführung nach Maike Maja Nowak*. Für passionierte Stubenhocker war *Feng Shui für Hunde nach Hedwig Seipel* im Angebot. Abertausende von Internetseiten boten Abertausende von Hundeschulen feil. Wer eine Kusine in Iowa hatte und ihr gelegentlich telefonisch Tipps für korrektes *Fuß* laufen übermittelte, ergänzte seine Website anderntags um die Begrifflichkeiten *weltbekannt* und *global im Einsatz*.

Beeindruckende Titel waren zu dieser Zeit sowieso die halbe Miete. Eine Trainerschule machte ambitionierte Hundehalter innerhalb von nur zwölf Stunden zu Systemhundeberatern – was immer ein Systemhund auch sein mochte. Wer ein paar Tage und Euros mehr investierte, durfte *Zertifizierter Problemhundtherapeut* auf sein Visitenkärtchen schreiben. Die Zertifizierung stammte von der DEKRA und hatte – wer hätte das gedacht – mit der Qualität der vermittelten kynologischen Inhalte rein gar nichts zu tun. Es war bloß eine ISO-9001-Zertifizierung, die sich ausschließlich auf die internen organisatorischen Abläufe bezog. Aber was soll die kleinliche Nörgelei! Einfach mal fünfe grade sein lassen. Im Netz wurde geunkt, Systemhundeberater seien automatisch dekrazertifiziert, wenn sie mit einer Rostlaube vorfuhren, die noch TÜV hatte.

In der Fachliteratur reihte sich ebenfalls Mogelpackung an Mogelpackung. Da wurden die Aufsätze von sechsundzwanzig Krauses zwischen zwei Buchdeckel gepresst und in aller Hartleibigkeit *Textsammlung renommierter Hundeexperten* auf den Titel gedruckt. Bemühte man die Namensrecherche im Internet, stellte sich heraus, dass es sich bei den renommierten Hundeexperten um unbekannte Damen handelte, die in der Vergangenheit vornehmlich auf Facebook und in einem nicht öffentlichen Hundeerziehungsforum publiziert hatten. Die korrekte Unterzeile hätte ehrlicherweise lauten müssen: *Eine Internetaufsatzsammlung frischgebackener CumCane-Absolventinnen mit erster Berufserfahrung.* Zumal es ja auch eine rechtliche Seite in dieser Angelegenheit gibt. Die EU-Verpackungsverordnung schreibt vor, »dass Packungen so gestaltet und befüllt sein müssen, dass sie keinen größeren als den tatsächlichen Inhalt vortäuschen. Rechtlich geht man von einer Täuschung des Verbrauchers aus, wenn der Luftanteil im Innern mehr als dreißig Prozent beträgt«.

Wir hilflosen Hundehalter taumelten derweil von einer Irritation zur nächsten und sehnten uns nach allgemeingültigen

Standards. Und siehe da, der Gesetzgeber hatte ein Einsehen! Er schuf das ersehnte Reglement. Der Paragraf elf des Tierschutzgesetzes wurde überarbeitet und trat am ersten August in Kraft. Seither ist Schluss mit lustig!

Ab sofort braucht man eine behördliche Erlaubnis, wenn man mit Hundetraining Geld verdienen will. Das klingt leider besser, als es in Wirklichkeit ist. Die behördliche Erlaubnis kriegt man nämlich nur, wenn man sachkundig ist. Das hat sich der Gesetzgeber gut überlegt. Was er sich nicht so gut überlegt hat: Wer ist eigentlich so sachkundig, dass er prüfen kann, ob jemand sachkundig ist? Der Einfachheit halber drückt er den Job den sowieso schon überlasteten Kreisveterinärämtern aufs Auge. Woraufhin nicht wenige Amtstierärzte verwundert den Arm aus dem Kuharsch ziehen und sich fragen, was der Unfug denn solle, sie hätten mit Hunden nicht übermäßig viel am Hut. Sie sollten sich nicht so anstellen, schmunzelt der Gesetzgeber, schließlich gebe es den bundesweit gültigen D.O.Q.-Test, und zum Praxisbesuch dürften sie einen externen Sachverständigen mitnehmen. Mit anderen Worten: Jeder soll einfach machen, was er will.

Was auch jeder tut. Einige Behörden prüfen die Sachkunde erst gar nicht, weder theoretisch noch praktisch. *(»Sie können bis sechs zählen? Hier ist Ihre Erlaubnis.«)* Andere drohen vorsorglich erst einmal mit Berufsverbot. *(»Fünfundzwanzigtausend Euro Ordnungsgeld für den Fall, dass Sie nach dem ersten August noch Hundekurse anbieten.«)* Der eine Landkreis klopft erfahrenen Trainern auf die Schulter. *(»Nach zwanzig Jahren im Job werden Sie ja wohl sachkundig sein.«),* der andere überzeugt mit einem beeindruckenden Tunnelblick. *(»Guter Mann, sachkundig ist nur, wer eine Ausbildung bei der IHK Potsdam vorweisen kann.«)* Und weil der Heititei-Verband so gute Lobbyarbeit geleistet hat, tauchen in nicht wenigen praktischen Prüfungen Sachverständige auf, die deutlich weniger Ahnung haben als die Prüflinge und eigentlich nur sehen wollen, ob der Kandidat auch ordentlich klickert. Tut er natürlich nicht. Weil ordentliches Klickern hochkompliziert ist, wie sie behaupten. Zack! Berufsverbot.

Das ist natürlich völliger Blödsinn. Klickern ist überhaupt nicht kompliziert! Ich bin zwar eine totale Flasche am Hund, aber die vier Quadranten der operanten Konditionierung habe sogar ich kapiert. Es ist wirklich nicht schwer. Keine komplexe Wissenschaft. Kein großes Ding. Kann man leicht verstehen und umsetzen. Es gibt also seitens der Ausschließlich-Positiv-Arbeitenden-Krauses (APAKS) keinen Grund, allen einzureden, Klickern sei schwierig, dauere sehr lange und brauche intensive Betreuung. Ebenso wenig besteht Veranlassung, in jeder Diskussion den Klickerzweifler darauf hinzuweisen, er habe das Prinzip nicht verstanden, es übersteige seinen geistigen Horizont, er sei hilflos aus Unwissenheit, oder sein Verstand habe aufgehört zu existieren. Dem ist nicht so! Wir schubsen unsere Hunde ja nicht, weil wir den Papst der operanten Konditionierung, B. F. Skinner, nicht kapiert haben. Man muss die APAKS aber trotzdem lieb haben. Erst recht dann, wenn die Frisuren vom vielen Gegenwind zerzaust sind und ihre Ankersignale immer wirrer werden.

Wo wir gerade bei Berufsverboten sind. Genau hier bekommt unser heiteres Prüfungsdurcheinander nämlich ein Gschmäckle. Wenn der Heititei-Krause als Sachverständiger in der Kommission sitzt, kann er sich auf wundersame Weise der störenden Konkurrenz entledigen, die auf der Nachbarwiese Gummischläuche nach dem Hund wirft und ihm schon immer ein Dorn im Auge war. So wird das Hundeschulenangebot im eigenen Landkreis überschaubar. Umgekehrt funktioniert das selbstverständlich genauso. Hockt ein Hardliner im Gremium, wird wahrscheinlich geprüft, ob der Kandidat aus dem Futternapf frisst, vor dem Hund die Treppen hochgeht, über die Markierungen seines Rüden pinkelt und vor der Haustür mit den Füßen scharrt und knurrt: »Das ist mein Haus! Das ist mein Haus!!«

So mancher Prüfling reibt sich aus anderen Gründen ungläubig die Augen. In einigen Prüfungsgremien sitzen tatsächlich Anbieter einer kostenpflichtigen Fortbildungsmaßnahme zur Vorbereitung auf die Sachkundeprüfung. Das ist praktisch. Da weiß jeder gleich, von wem er sich für fünfzehnhundert Euro besser coachen lassen sollte, wenn er den Schein haben will.

Sehr souverän agiert auch das Kreisveterinäramt Lippe-Detmold. Es bescheinigt einem seit Jahren etablierten Hundetrainer, der in Summe zwölfhundert Ausbildungsstunden bei dogument und Canis auf der Uhr hat, dass er für Lippe nicht sachkundig genug sei und auf jeden Fall den D.O.Q.-Test machen müsse. So wird's gemacht! Bloß nicht durch Überqualifizierung irritieren lassen. Auf den Einwand des Trainers, er habe den D.O.Q.-Test schon vor einem Jahr bei der Tierärztekammer Schleswig-Holstein absolviert, heißt es lapidar, man sei hier nicht in Schleswig-Holstein, sondern in Lippe, im Übrigen mache das dreihundertvierzig Euro, und einen schönen Tag noch.

Damit befindet er sich in guter Gesellschaft. Cesar Millan hat den Test beim Veterinäramt Hannover auch nicht bestanden. Die einen munkeln, der D.O.Q.-Test habe nicht in Englisch vorgelegen, und Cesar könne kein Deutsch, die anderen vermuten, dass er im Erbsenzählerprovinzbüro gar nicht erst angetreten ist. Wie dem auch sei, der mexikanische TV-Krause ist jetzt hochoffiziell sachunkundig und darf bei seinen Auftritten in deutschen Hallen keine Hunde mehr auf die Bühne bitten. Es sei denn, am Bühnenrand sitzt ein nach Paragraf elf des Tierschutzgesetzes anerkannter deutscher Krause auf einem Stühlchen und überwacht die Vorstellung.

Was wiederum den Journalisten Eckehard Fuhr so tief bewegte, dass er in der Zeitung DIE WELT sinnfrei titelte: *Cesar Millan ist der Thilo Sarrazin der Hundeszene.* Seither steht mein Hirn nicht mehr still. Warum ausgerechnet Sarrazin?

Warum nicht der Heinz Buschkowsky der Katzenwelt?

Oder der Udo Ulfkotte des Erdmännchentrainings?

»Oder der Akif Pirinçci des Nacktschnecken-Agility«, sinniert Juppi.

Es ist spät geworden. Die Trümmer der Haxen sind abgeräumt. Die Kölsch-Gläser ebenfalls. Wir sitzen müde beim Kaffee.

»Schade um das Konzept *Blauer Halter*«, murmelt Walter. »Die Hundeschule wäre ein Kracher geworden. Aber die Sachkundeprüfung schaffen wir nie.«

»Hinterher steht im Prüfungsbericht: Der Kandidat erschien unangemessen lallend vor der Kommission und konnte den Kuli nicht mehr führen«, sagt Ralf.

»Ist auch das Beste so«, sage ich.

»Die Konkurrenz hätte uns wie die wilden Wölfe zerrissen«, nickt Peter.

Damit hat er recht. Wer seinen Elfer schafft und endlich praktizieren darf, kann mit allem rechnen, nur nicht mit der Nachsicht der Kollegen. Die Krauseszene ist ein Biotop für sich. Wann immer sich die Gelegenheit bietet, wird nach Leibeskräften aufeinander eingedroschen.

»Wir wären keine Woche am Markt, dann hätten wir unser eigenes Waternapfgate«, sage ich.

»Und eine Onlinepetition am Hals«, sagt Ralf.

»Wieso?«, will Juppi wissen. »Wir würden doch nicht mit Näpfen nach den Kandidaten schmeißen. Höchstens mit Brunellopullen.«

»Das ändert natürlich alles.«

Der Napf ist rund, und ein Shitstorm dauert vierzehn Tage

Traditionell marschierten bei uns im Advent Maria und Joseph vierundzwanzig Tage lang auf der Fensterbank in Richtung Krippe. Seit Wiki letztes Jahr den Esel gefressen hat, marschiert keiner mehr. Die beiden Hauptdarsteller werden samt Jesulein am Heiligabend direkt aus der Pappschachtel in die Hütte gebeamt. Sollte sie den Eselfresser jemals wieder die Fensterbank hochkrabbeln sehen, donnert meine Frau, werfe sie ihm seinen Futternapf an die Birne. Es gebe gewisse Grenzen. Die Heilige Familie sei so eine. Bei Krippenraub scheppere es.

Damit dürfe sie sich bloß nicht erwischen lassen, warne ich. Seit der berüchtigten Affäre – in einschlägigen Kreisen Waternapfgate genannt – verstehe die Hundeszene bei Napfeinsätzen keinen Spaß mehr. Unter Umständen müsse sie mit Morddrohungen rechnen, Heilige Familie hin oder her.

»Was war denn da wieder los?«, will Stella wissen.

»Nichts Außergewöhnliches«, sage ich. »Die Krauses hauen sich gegenseitig auf die Mützen, die Tierschützer mischen munter mit, und die Hundehalter beziehen empört Stellung. Alltag in Hundedeutschland eben. Obwohl man dieses Mal den Eindruck hat, alle seien erleichtert, dass sie mal eine andere Sau als Cesar Millan durchs Dorf treiben können.«

Die andere Sau ist in diesem Fall ein renommierter Kynologe aus dem Norden. Eines schönen Novembers entsteht auf seinem Trainingsgelände ein Video, in dem ein bissiger Schäferhund mit einem Futternapf begrenzt wird, damit er dem Trainer nicht an die Wäsche geht. Es macht kurz und heftig GOOONG! Der Mann ist gerettet. Hundenapf und Hundenase überleben unversehrt. Alle Beteiligten sind wohlauf. In der Folgezeit dient der Film internen Schulungszwecken. Kein Hahn kräht danach. Bis der Streifen drei Jahre später aus unerfindlichen Gründen auf YouTube auftaucht. Nicht die gesamte Übungseinheit in all ihren Zusammenhängen, sondern nur der kurze Moment der Klangschalentherapie.

GOOONG!

Kein Mensch hinterfragt, warum der Film erst jetzt hochgeladen wird, geschweige denn, von wem und warum. Dafür funktionieren die Beißreflexe umso prächtiger. Aufgebrachte Krauses, Tierschützer und Hundehalter versammeln sich auf Facebook in einer gewaltfreien Napfempörungsgruppe. Nennen wir sie der Einfachheit halber NEG. Alle fühlen sich dem Tierwohl verpflichtet und handeln selbstverständlich selbstlos. Leider kommt NEG nicht so recht aus den Puschen, weil sich die Mitglieder von Anfang an in den Haaren liegen. Sie können sich nicht einigen, was gewaltfrei ist und was nicht.

»Hast du überhaupt eine Ahnung, was Trainingsdiscs in der Seele deines Hundes anrichten, du Folterknecht? Erzieh deinen Hund gewaltfrei, sonst hau' ich dir eine rein!«

Eine Weile fliegen die Fetzen, dann splittet sich NEG mit Riesentamtam in NEG 1 und NEG 2. NEG 1 benennt sich um, damit sofort klar wird, dass man mit den Brutalos von NEG 2 nichts zu tun hat. NEG 2 sucht weiterhin ambitioniert, aber fruchtlos nach der alleinseligmachenden Gewaltfrei-Definition und löst sich Tage später frustriert auf.

Einige Versprengte protestieren auf der Facebook-Seite des betroffenen Kynologen, verzetteln sich aber in Diskussionen über Hundekeksrezepte, Tierheimsauberkeit und Trockenfutter. Zu diesen bewegenden Themen produzieren sie sechstausendfünfhundert Kommentare und beschimpfen den Kynologen, weil der sich nicht konstruktiv in die Gebäckdebatte einbringt. Der Zug rollt. Alle springen auf. Nicht wenige Krauses nutzen die Napfaffäre, um ihre Hundeschule über die Grenzen von Kleinpopelsdorf hinaus bekannt zu machen. Sie legen ausschweifend ihre Arbeitsweise dar, bieten dem geächteten Kynologen einen kostenlosen, selbstverständlich gewaltfreien Kurs an und messen auf den Millimeter genau, wer den Längsten hat: Auf ihren Internetseiten schwanken die Angaben der eigenhändig therapierten Hunde zwischen zehn- und zwanzigtausend.

Sieger in der Kategorie *Marketinggenie des Jahres* ist ein Krause aus Kuhkaffdorf in Schleswig-Holstein, der fulminant gegen Gewalt in der Hundeerziehung zu Felde zieht, aber leider übersieht, dass er auf Facebook mit Bildern wirbt, die zeigen, wie er seine Schützlinge an der Fünf-Meter-Leine von den Füßen reißt. Spätestens jetzt ahnt man, warum diese Zeitgenossen vorher unbekannt waren und es nachher wieder sein werden.

Ganz Verwegene gestehen verlegen ein, ab und an aversive Methoden anzuwenden: Sie würden den Hund mit einem energischen NEIN begrenzen. Auf empörte Nachfragen betonen sie eilig, dass dies natürlich nur im äußersten Notfall auf Autobahnen geschehe, kurz bevor der Hund drohe überfahren zu werden.

Irgendwann explodiert der Mob vollends. En passant werden Hundetrainer, die einen Hund maßregeln, mit Männern verglichen, die Frauen vergewaltigen oder Kinder schlagen. Gelegentlich verliert einer der Gewaltfreien endgültig die Nerven und kündigt an, dem Kynologen *»den Arsch aufzureißen«*. Andere wünschen ihm *»ein Aneurysma an den Hals«* oder wollen der im Video gezeigten Schäferhundbesitzerin *»die Fresse mit dem Napf polieren«*. Das *Hamburger Abendblatt* berichtet von Morddrohungen. Es fällt schwer zu glauben, dass diese wild um sich schlagende Horde ausgerechnet mit ihren Hunden sanft und besonnen umgeht.

Die direkten Konkurrenten, die wie der betroffene Kynologe ebenfalls Hundetrainer zertifizieren, sind auch nicht zimperlich. Dem Gegner Inkompetenz zu attestieren hat erstens Tradition, und zweitens geht es um Neugeschäft. Verbände und Institute treten für Sekunden ins grelle Rampenlicht und geben Verlautbarungen heraus, ohne auch nur ein einziges Mal das persönliche Gespräch gesucht zu haben. Ein Krausekommentar aus Bayern entgleist komplett. Macht aber nichts, schließlich geht es um eine gute Sache. Wenn ein bedauernswerter Angsthund mit einem Napf gedeckelt wird, wird man ja wohl noch Parallelen zu Nazideutschland, Guantanamofolter und Kurdenmord ziehen dürfen.

Gemäßigter, aber ähnlich ungeschickt fällt die Stellungnahme einer renommierten Fachzeitschrift aus. Sie ist im Wortlaut fast identisch mit dem Statement eines Anbieters von Trainerzertifikaten. Der Schwabe spräche von Vetterlewirtschaft, was in diesem Fall aber nicht zutrifft. Chefredakteurin und Trainerzertifizierer sind keine Vettern, sondern verheiratet. Professionell geht anders.

In all dem bunten Branchentrubel hält Napfempörungsgruppe 1 tapfer das Fähnchen hoch. Die Diskutanten sind im Wesentlichen Lichtgestalten, die bei einem keifenden Dackel, der nicht alleine bleiben kann, Futterumstellung empfehlen; Sachverständige, die in den frühen Morgenstunden darlegen, dass Hundetrainer nur für die Umsetzung von Kommandos zuständig seien, der wahre Jakob im häuslichen Problembereich aber der Tierpsychologe sei; Unverdrossene, die nach sechs Wochen immer noch finden, dass zuerst einmal gewaltfrei definiert werden muss; ein selbsternannter Haustierverhaltenstherapeut, der keine Minute seines Lebens eine diesbezügliche Ausbildung genossen hat. Wie in jeder Szeneklopperei ist natürlich auch das

Trainerpärchen am Start, das in nur zwölf Stunden jeden Schluffi zum Systemhundeberater ausbildet.

Unlängst wurde ich gefragt, ob ich nicht Hundetrainer werden möchte. Schönen Dank auch! Lieber hänge ich in Haan-Gruiten bewusstlos überm Zaun.

Den Gong mit dem Napf finde ich übrigens gar nicht so dramatisch. Meine Hunde gehen gröber mit mir um. Viel schlimmer als dieser Hieb mit dem Napf ist die Haltung einiger Leute in den Napfempörungsgruppen. Wer nach eigenen Angaben *gewaltfrei am Hund* arbeitet und dabei vergisst, wie *gewaltfrei am Menschen* geht, hat ganz offensichtlich einen Großteil seiner Empathiefähigkeit verloren. Fehlt nur noch, dass Vereine zum Schutz von Blechnäpfen gegründet werden. Blechnäpfe, die dringend ein liebevolles Zuhause brauchen, Blechnäpfe, die verbeult, vergessen und traumatisiert irgendwo auf norddeutschen Trainingsplätzen im Winterregen rosten, brutal ihrer Napffamilie entrissen, während wir unter kerzenwarmen Weihnachtsbäumen sitzen.

Weil die Halterin des bissigen Schäferhundes zulässt, was auf dem Video zu sehen ist, wird auf sie genauso eingetreten wie auf den Trainer. Die in zahlreichen Foren und auf Facebook geäußerten Beschimpfungen, Anfeindungen und Drohungen wiederhole ich hier nicht. Als Halter zweier nicht selten sehr grenzwertig auftretender Hunde kann ich nur sagen: Viele wissen nicht, wovon sie schreiben. Sie wissen nicht, was für ein Gefühl es ist, wenn der eigene Hund in beschädigender Absicht auf Mensch oder Tier losgeht. Ob man dieses Verhalten durch Erziehungsfehler selbst verursacht hat oder einem vorversauten Tierheimkandidaten beim

Zupacken zusieht, spielt für dieses Empfinden keine Rolle. Es ist ein Albtraum!

Wer mit so einem Hund in so einem Seminar landet, hat schon jede Menge gesehen und erlebt. Er hat mehr als eine Handvoll großmäuliger Hundetrainer hinter sich und noch mehr Erziehungsversuche selber vergeigt. Er hat sich um Besucherkinder gesorgt, um Briefträger, um Schafe, um Spaziergänger. Er schwankt seit Jahren zwischen Hoffnung und Enttäuschung. Er ist falschen Versprechungen aufgesessen oder hat richtige Ratschläge falsch umgesetzt. Nichts ist ihm besser bekannt als sein eigenes Unvermögen, das ihm täglich vor Augen geführt wird. Er ist mürbe.

Irgendwann kommt der Tag, an dem er nur noch Angst hat. Himmelangst! Das ist der Tag, an dem fremde Institutionen bestimmen, dass der Hund, der seit sechs Jahren friedlich in seinem Bett pennt, unter Umständen dem Halter weggenommen oder eingeschläfert wird. Es ist der Tag, wo er sich vor einen Trainer stellt und sagt:

»Mach, dass es aufhört! Schnell!«

Das ist keine Bitte, sondern ein Flehen. Für den Hund ist es die letzte Chance. Mein Respekt gilt allen Hundetrainern, die sich diesen brisanten emotionalen Situationen stellen, Mensch und Tier richtig einzuschätzen wissen, für alles offen sind, ein breites Spektrum an Maßnahmen im Köcher haben und nötigenfalls auch vor unpopulären Mitteln nicht zurückschrecken.

Überflüssig zu erwähnen, dass man nicht zwingend GOOONG machen muss, um öffentlich an den Pranger gestellt zu werden. Ein KSST reicht völlig aus. Erst recht, wenn es im ZDF getätigt wurde. Hey, Hundertrainerpack, möchte man da ausrufen, wäre es wohl möglich, dass einer von euch eine TV-Sendung macht, ohne dass ihm gleich alle anderen gelb vor Neid ans Bein pinkeln!?

Die erste Folge von Maike Maja Nowaks *Die Hundeflüsterin* ist noch nicht zu Ende gelaufen, da beißen schon die Stuten. Eine Petition wird ins Leben gerufen, der Verband nimmt dramatisch Stellung. Der Frau muss das Handwerk gelegt werden, denn – Obacht jetzt! – sie macht KSST und blockt den Hund mit dem Körper. Es hat natürlich überhaupt nichts damit zu tun, dass Maike Maja Nowak blendend aussieht, großen Erfolg hat und gut mit Hunden kann. Nein, es geht wirklich nur um die Sache, um dieses unsäglich brutale, traumatisierende KSST. Darüber sorgen sie sich zu Tode, die anklagenden, aufgebrachten, nicht so berühmten Trainerinnen und Trainer. KSST im Fernsehen! Ein Skandal! Nicht auszudenken, was auf Deutschlands Hundewiesen los wäre, wenn grenzdebile Ottonormalhundehalter wie Müller, Meier und Dodillet das nachmachten.

Ja, so sind wir Nichterleuchteten. In Lerntheorie kennen wir uns nicht aus. Wir haben den IQ einer Wolldecke. Sabbernd machen wir, was der Fernseher uns befiehlt. Erst gestern noch traten wir unseren Hunden mächtig in die Seiten, weil wir Cesar Millan verehrten, und nässten sie nach rütterscher Wasserpistolenmanier literweise ein. Heute nun haben wir eine Folge Maike Maja gesehen und KSSTEN, bis der Tierarzt kommt. Man muss uns stoppen! Notfalls mit Petitionen!

Martin Rütter ist ein gutes Stichwort. Mit seinem Humor und seinem sympathischen Auftreten hat er in den letzten zehn Jahren einer Nation von Ich-mach-mir-keinen-Kopp-Hundehaltern klargemacht, dass sich so ein Hund nicht von selbst erzieht. Was hat der Mann für eine Schneise in den Markt geschlagen! Ohne ihn wären Hundeschulen nicht wie Pilze aus dem Boden geschossen. Es gäbe nicht Trainer wie Sand am Meer. Die Hundeerziehungskurse – und seien sie noch so absurd – wären nicht so gut besucht, wie sie es derzeit sind. Die Ratgeberregale wären längst nicht so voll. Dieses Buch gäbe es höchstwahrscheinlich auch nicht. Wir alle profitieren von Rütter, von Millan, von Nowak und von jedem, der unsere Hundethemen einer großen Öffentlichkeit nahebringt, weil wir selber es nicht draufhaben. Ist ja keine Schande. Jeder hat andere Talente.

Die Internetpetition gegen die nowaksche ZDF-Sendung gibt es übrigens wirklich. Innerhalb von wenigen Wochen generiert sie über fünfzehntausend Unterschriften. Fünfzehntausend erwachsene Bundesbürger, die im einundzwanzigsten Jahrhundert die Nerven verlieren und sich öffentlich gegen ein KSST in der Hundeerziehung aussprechen? Darüber möchte man lieber nicht näher nachdenken.

Petitionsbegleitend streut *change.org* pfundweise Werbemails in die bundesdeutschen Haushalte. »Resi«, heißt es da, »diese Petition gewinnt an Fahrt, das könnte dich interessieren.«

Und wie das interessiert! Die Resi und die Moni und der Ferdinand finden sowieso, sie sollten mal wieder energisch gegen etwas sein. Der Zeitpunkt ist ideal. Es herrscht gerade Langeweile. Die nächste Cesar-Millan-ist-der-Größte-Staffel geht erst in einem Dreivierteljahr auf Sendung, das Empörungsfässchen ist aber heute schon voll. Muss eben die KSSTerin aus Berlin dran glauben. Schon tippen sie erboste Kommentare unter die Petition: »Weil Leute, die solche veralteten Methoden weitervermitteln, nicht im *Fernweh* kommen sollen.« Sollte sich tatsächlich ein Hauch von Sinnhaftigkeit in die Aussagen geschmuggelt haben, so wird er von der Autokorrektur zuverlässig getilgt.

Damit derartige Pretiosen nicht im virtuellen Nirvana verschwinden, erhält der Empörungsbeauftragte des Zweiten Deutschen

Pro-Tipp für alle, die Langeweile haben

Step 1 Einfach »Cesar kann was!« in eine Anti-Millan-Gruppe tippen und entspannt in den Urlaub fahren.
Step 2 Die nachfolgenden fünfhundertfünfundneunzig Kommentare nicht mitbekommen, weil man im Ausland ist.
Step 3 Bei der Einreise feststellen, dass fünfhundertfünfundneunzig Benachrichtigungen im Mail-Postfach liegen.
Step 4 Nicht wissen, dass mittlerweile der gesamte Thread vom Admin gelöscht wurde, weil die Beleidigungen justiziable Ausmaße angenommen haben.
Step 5 Ahnungslos das Mail-Postfach öffnen.
Step 6 Bei einem guten Glas Wein dem Mail-Programm dabei zusehen, wie es einen ganzen Abend lang versucht, Benachrichtigungen zu laden, die auf Facebook nicht mehr existent sind, und sich dabei alle naselang aufhängt.

Service für Millan-Gegner: Funktioniert auch, wenn man **»Cesar is'n Poser!«** in einen Pro-Millan-Ashram postet.

Fernwehs alle zwei Tage eine E-Mail, die ihn unterrichtet, dass 0.08 % aller deutschen Hundehalter nichts mit seiner Sendung anfangen können. In Shanghai dröhnt derweil das Megaphon: »Bitte gehen Sie weiter! Es gibt nichts zu sehen. Der Sack Reis wird wieder aufgerichtet. Bitte gehen Sie weiter!«

»Ich fordere die sofortige Absetzung aller Fernsehsendungen von Maike Maja Nowak, weil sie Ksst zu den Hunden sagt!«, deklamiere ich in die Kölner Nacht hinaus. »Weg mit dem ganzen Krausequatsch! Und die vererbten Rudelstellungen auch gleich mit einmotten!«

Wir sind auf dem Weg zum Parkhaus. Die Sommernacht ist lau. Der Rhein plätschert müde ans Ufer. Irgendwo hinter dem Hauptbahnhof wird enthemmt gegrölt. Unser Toskanatrip ist konsequent ausdiskutiert und zu Ende geplant. Wir werden entweder nach Mittenwald zum Wandern fahren oder vielleicht doch lieber ins Vogtland reisen. Wenigstens haben wir uns auf einen Termin geeinigt.

»Außerdem will ich die Absetzung der Serie von Victoria Stillwell, weil sie ein schöneres Auto hat als ich!,« fahre ich fort. »Und von Cesar Millan, weil er atmet!«

»Und von Heinz Schenk!«, ergänzt Juppi.

»Der lebt doch gar nicht mehr!«, sagt Walter.

»Egal!«, sagt Juppi. »Trotzdem absetzen.«

»Weil er 1969 einen Bembel nach Lia Wöhrs Dackel geworfen hat.«

»Und das, obwohl der Dackel einen Tinnitus hatte.«

»Kein Wunder, wenn das Medium-Terzett in jeder Sendung knödelt!«

»Hätte er den Bembel mal nach denen geworfen.«

»Der Heinz hat in seinem ganzen Leben noch nie einen Bembel geworfen.«

»Ist doch wurscht. Hauptsache Shitstorm!«

»Die vererbten … was?«

»Rudelstellungen.«

»Kenn' ich nicht.«

»Glückspilz.«

Eines schönen Herbsttages prangt in einem der größten Hundeforen des Landes ein denkwürdiger Satz. Man muss ihn sich auf der Zunge zergehen lassen: »Meine zwei Fellnasen sind einzeln schlafend, weil der NLH mit dem N3 nicht tiefenverknüpft ist.«

Dieser Herbst und alle Jahreszeiten danach sind ausgesprochen vergnüglich. Innerhalb von wenigen Wochen fabrizieren die Anhänger der *Vererbten Rudelstellungen* viertausendsiebenhundert Forenkommentare. Die Ottonormalhundehalter liegen derweil auf dem Boden und kugeln sich vor Lachen. Im Wesentlichen geht es darum, dass jeder Hund in eine von sieben Stellungen hineingeboren wird und dort sein Leben lang bleibt: Er ist entweder vorrangiger Leithund (VLH), vorrangiger Kundschafter (V2), vorrangiger Wächter (V3), mittlerer Bindehund (MBH), nachrangiger Kundschafter (N2), nachrangiger Wächter (N3) oder nachrangiger Leithund (NLH). Welche Geburtsstellung eingenommen wird, wenn ein Wurf nicht sieben, sondern nur vier oder gar elf Welpen ausweist, wird lieber nicht ausgeführt. Wer hält sich schon mit derart albernen Kleinigkeiten auf? Viel wichtiger ist die Erkenntnis, dass sich alle Probleme sofort in Luft auflösen, wenn man die Position seiner Hunde im Rudel kennt.

Die erkennt nur leider keiner. Bis auf die kettenrauchende Leiterin eines sauteuren Workshops, bei dem man sein Rudel ab zweihundertfünfundzwanzig Euro aufwärts einschätzen lassen kann. Die Alpharudlerin teilt einem zwischen zwei tiefen Lungenzügen mit, dass man unter Umständen einen Doppelbesatz habe, also zwei Hunde gleicher Stellung, die sich niemals mehr begegnen dürfen, oder dass es sich um einen Fehlbesatz handle und man die Hunde sofort trennen müsse. Manchmal passt das Kleinrudel auch zusammen. Dann ist der Anhänger glücklich. Falls nicht, ist das auch kein Problem. Unpassende Hunde können auf einer eigens installierten vereinsinternen Tauschbörse abgegeben oder umgetauscht werden.

In den Rudeldiskussionen und auf den Rudeleinschätzungsworkshops haben die Hunde der versammelten Sektenjünger keine Namen mehr. Sie heißen nicht mehr Lena, Emma und Bruno, sondern Emmbehah, Vauellhah und Ennzwei. Während wir mit unseren doppelbesetzten Stellungslosen auf dem Sofa Kekse futtern, rennen beseelte Rudler knurrend, blockend und fixierend zwischen ihren Hunden herum, um einen fehlenden NLH eigenkörperlich zu ersetzen.

Das liest sich im Original so: »Jetzt wollte ich aber dafür sorgen, dass der N2 nicht mehr vor den MBH geht, und hab ihn angeknurrt, als er den MBH überholen wollte. Er ließ sich aber überhaupt nicht nach hinten bringen. Als ich ihn mit dem Körper blockte, ist er seitlich ausgebrochen. Ich hab's auch nicht geschafft, ihn durch Fixieren mit den Augen nach hinten zu holen.«

Auch die Empfehlung, den Plüschhund eines angesehenen schwedischen Möbelhauses in sein Rudel zu packen, wenn zwischen V2 und MBH eine Lücke klafft, beschäftigt die Gemüter. Soll man sich lieber Hoppig, den Berner Sennenhund, oder Småslug, den Dackel, zulegen? Darf man das Stofftier beim Gassigehen zu Hause lassen, oder soll man ihn zum Wohle des Rudels mitführen? Wenn ja, wie? Auf ein Skateboard genagelt?

Im Jahr darauf verkrachen sich die Rudler, spalten sich und verlassen das Forum unter donnerndem Getöse. Die Rudler, die sich für das Original halten, erschaffen eine eigene Internetplattform. Mit vereinten Kräften und unter eigensinniger Umgehung jeglichen Lektorats verfassen sie das Buch zum Film zum Workshop zur Stellung. Das wird prompt so unlesbar, dass alle renommierten Fachverlage die Finger davon lassen.

Dafür taucht wenig später die Alpharudlerin im Fernsehen auf. Zusammen mit der rudelaffinen Frau Nowak. Der hat sie den Auftritt auch zu verdanken. Frau Nowak hat – so will es die Legende – alles, was sie weiß, von einem russischen Hunderudel gelernt. Zwei vordere Leithündinnen gemeinsam vor einer Kamera? Kenner der Szene schlagen sich vor Vergnügen auf die Schenkel und holen Popcorn. Sonderlich lange währt ihre Freude nicht. Noch bevor die Popcorntüte ganz leer ist, haben sich die beiden Damen schon wieder auseinandergelebt. Frau Nowak hat wissen lassen, dass eine weitere Zusammenarbeit leider nicht möglich sei. Außerdem wird der von ihr gegründete Verbund der unabhängigen Wegbereiter für Mensch-Hund-Kommunikation (VDU) – doch, doch, den gibt's wirklich – in naher Zukunft die Typen Leithund, Kundschafter, Wächter und Zentralhund auf eigene Kosten wissenschaftlich untersuchen lassen.

Frau Alpharudlerin geht ebenfalls wieder eigene Wege. Wie gehabt schätzt sie auf Deutschlands Hundewiesen gegen Gebühr Hunde ein und entbindet die Halter von jeglicher Erziehungsverantwortung: »Leinenaggression? Kann man nichts machen. Ist halt ein V3.« Nebenbei weist sie auf die strenge Parkordnung hin. Auf ihren Seminaren habe man gefälligst in Rudelstellung zu parken! Nicht auszudenken, welchen Schadenverlauf es nähme, stünde ein noch nicht eingeschätzter Hund zwischen einem N3-Kombi und einem V2-Transporter.

Die Jünger kauern derweil im Nieselregen unterm Zeltpavillon, sehen für ein paar Hunderter der Frau beim Rauchen zu und bringen anschließend einen ihrer zwei Fehlbesatzhunde ins Tierheim. Dass dabei kaum einem Beteiligten unwohl ist, stimmt nachdenklich. Die Idee, Geschöpfe wegen ihrer Genetik aus der Familiengemeinschaft auszusortieren, ist ja nun wirklich nicht neu.

Wohl wahr! Da draußen im Krauseuniversum existiert eine Menge Unfug. Bei manchen Sachen schüttelt man verblüfft den Kopf, andere sind einfach nur eine Steilvorlage, die man verwandeln muss. Unterm Strich habe ich ein Herz für so gut wie alle Erziehungsmaßnahmen, solange sie nicht missionarisch vertreten werden und solange Hund und Halter damit glücklich, zufrieden und in ihrem gesetzten Rahmen erfolgreich sind.

Letztlich hängt es wie so oft nicht von den Konzepten ab, sondern von den Menschen, die sie umsetzen. Von Menschen wie Ute Heberer zum Beispiel, der Chefin des Reichelsheimer Tierheims, die im Fernsehinterview auf Claudia Ludwigs Frage: »Und? Bewacht Lucky noch den Grill?« trocken antwortet: »Nein. Wir haben das mit ihm besprochen und haben ihm erklärt, dass wir das nicht möchten und wir ungern mit ihm teilen. Er würde mit uns ja auch keine Frikadelle teilen.« Allein dafür hätte sie schon einen Orden verdient. Für alles andere natürlich auch.

Ute stammt aus der berüchtigten, viel geschmähten Napfecke. Wer sich mal dort hineintraut, trifft auf unzählige exzellente Krauses. In den vergangenen Jahren habe ich viele von ihnen auf Lesungen, in Vorträgen, bei Workshops und am Hund kennengelernt. Was ich gesehen habe, erfüllt mich mit tiefster Sorge um meine Zukunft. Die arbeiten alle so vernünftig, bodenständig und unspektakulär gut, dass mir das Krausematerial ausgeht! An weitere Bücher ist nicht zu denken, mein Krawallmaus-Blog verödet, der Gerichtsvollzieher scharrt mit den Hufen.

Die Guten trifft man auf der anderen Seite aber auch an. Logisch, warum auch nicht. Bei den Gundulas finden doch nicht nur Albernheiten statt. Ich denke da vor allem an Sabrina, die eine derart perfekte intermediäre Brücke hinlegt, dass man nur so staunt. Wenn sie doppeltrückruft, kommt ein schneeweißes Kampfhundmonster namens Fräulein Flitsch geflitzt. Das Fräulein Flitsch trägt im Winter ein rosa Mäntelchen. Ihr Ankersignal lautet LALALA. In ihrer skurrilen, alles andere als furchterregenden Gesamterscheinung tragen die beiden mehr zur Imageverbesserung der Listenhunde bei als zehn *dogs*-Artikel zum gleichen Thema.

Ich kann allerdings auch jeden verstehen, der keine Lust mehr auf den ganzen Krausequatsch hat und seine Hunde einfach so nimmt, wie sie sind. Der praktiziert nur noch die Ihr-könnt-uns-alle-mal-Methode und lacht sich schlapp. Über Grünschleifengundulas, Alpharudler und Hardcorekrauses, über sanfte Mülltonnenumarmer und türmattenscharrende Alphatierchen, über LALALaller, Krakeeler und alle, die im Rahmen von Internetferndiagnosen exorbitanten Stuss von sich geben: »Dein Hund knurrt dich an, wenn du zu ihm ins Bett willst? Keine Panik. Er macht sich nur Sorgen, dass du ihm wehtun könntest.«

Vor allen anderen Krauses, die sich dem Internet verweigern, weil sie einen Hund erst einmal intensiv kennenlernen wollen, bevor sie ihre Tipps raushauen, eine tiefe Verneigung – egal welche Richtung sie vertreten. Ebenso vor denen, die Hund und Halter weder Schablonen noch Systeme überstülpen, sich nach allen

Seiten ihre Offenheit bewahren und ihren eigenen Horizont immer wieder vorurteilsfrei aufs Neue erweitern. Wir Otto Normalhundehalter wünschen euch allen Erfolg der Welt, wunderbar schräge Lerngeschenke und – falls ihr den Elfer nicht sowieso schon in der Tasche habt – einen herzensguten Amtsveterinär, der eure Kompetenz schon beim ersten Handschlag erkennt.

Der Dom spiegelt sich im Rhein. Das Grölen hinter dem Hauptbahnhof ist verstummt. Wir laufen die Treppen hinunter ins Parkhaus, das um diese Zeit noch brechend voll ist. Nach längerem Suchen finden wir mein Auto wieder. Kölner Parkhäuser halten für Düsseldorfer, die sich die Parkplatznummer nicht notiert haben, eine Menge fieser Fallen bereit.

»Danke fürs Mitsuchen«, sage ich und schließe die Fahrertür auf.

»Keine Ursache«, sagt Juppi.

»Das nächste Mal nehmen wir deine Hunde mit«, sagt Walter. »Dann finden wir die Karre schneller.«

»Die zwei finden in Großstädten gar nichts«, sagt Ralf. »Die sind zu aufgeregt. Sie könnten eine Schlägerei verpassen, wenn sie die Nasen am Boden haben.«

»Wie kann man nur so schräg drauf sein«, sagt Peter.

»Mit denen stimmt irgendwas nicht.«

»Das ist ja nun nichts Neues.«

»Hallo?! Ich habe zwei wunderbare Begleithunde, ihr Arschgeigen!«

»Quatsch! Wahrscheinlich passen die überhaupt nicht zusammen.«

»Klarer Fall von doppeltem Fehlbesatz.«
»Oder besetztem Fehldoppel.«
»Wie auch immer.«
»So geht es jedenfalls nicht weiter.«
»Dein Rudel rudelt nicht optimal.«
»Du brauchst noch einen N3.«
»Ich hätte lieber einen Q7.«
»Und ich einen A8.«
»Egal. Hauptsache V6.«

Die Begleithund-Katastrophe

Was du hörst:
»Die sind aber wild.
Ich möchte nicht in Ihrer Haut stecken.«

Was du sagst:
»Ich auch nicht.«

Was deine Hunde denken:
Wir auch nicht.

La Souris du Baroufe au Lac

So eine Begleithundeprüfung ist eine erstaunliche Sache. Man läuft spiegelverkehrt den Buchstaben L mit zwei rechten Winkeln, einmal mit und einmal ohne Leine, rennt zwischendurch in Achten um drei Personen, macht einmal *Sitz* und einmal *Platz* – fertig ist der Begleithund. Das haben sich Verbandsmeier ausgedacht, die für das *Deutsche Hundewesen* zuständig sind. Mit *Hund* hat dieses *Wesen* nicht viel zu tun. Wer glaubt, er habe einen zuverlässigen Begleiter, nur weil der ein L laufen kann, kann sich ja schon mal auf den nächsten Hasen freuen.

Luna und Wiki können nicht nur ein perfektes L laufen, sondern auch ein schönes M. M wie Mittelfinger. Das qualifiziert sie nicht zu Begleithunden. Aber sie gehören nun einmal dazu und dürfen trotzdem im Sommer mit der Familie zelten, im Herbst mit dem Stammtisch wandern und auf unseren Lesungen dem Publikum zeigen, wo der Hammer hängt.

Wir zelten immer in der Provence am Lac de Sainte-Croix. Dort schwimmen die beiden M-förmig im See und bringen mein teures Apportel nicht wieder; mit merkwürdigen Geräuschen erschrecken sie Camper, die morgens um halb sechs verschlafen zum Waschhäuschen schlurfen; bei Spaziergängen am Rande der Verdonschlucht blöken sie wütend Kletterer an, die gerade eine sechshundert Meter hohe Felswand hochgekraxelt sind und nichts Böseres im Sinn haben, als auf dem Plateau in Ruhe die Aussicht und ihren Erfolg zu genießen.

Mir ist das alles hochgradig unangenehm.

Ich wünschte, ich Wurm hätte mehr Rückgrat. Dann könnte ich den Geschädigten gegenüber behaupten, es handle sich um artgerechte Erziehung. Man müsse auch im Urlaub konsequent am Ball bleiben und dem Hund so viel Gelegenheit wie möglich bieten, seinen Individualismus auszuleben. Stattdessen sage ich immer nur:

»Entschuldigung.«

Das Pack packt

Ich krame das Strandzubehör aus der hinteren Kellerecke. Die Bastmatten rieseln mir durch die Finger. Sieht so aus, als hätten unsere Kellermäuse mediterran gelagerte Sehnsüchte. Sie haben das Mattenmaterial zum Nestbau verwendet. Währenddessen packt Wiki seine Badesachen und sein gelbes Entchen ein. Luna ist gepäckmäßig alles wurscht. Hauptsache, die Futtertonne kommt mit. Hier zeigt sich die Überlegenheit von Industrietrockenfutter. Biolandbarf verliert bei fünfunddreißig Grad im Schatten Form und Faszination.

Das Kärtchen, auf dem steht, wie unsere Hundehaftpflichtversicherung auf Französisch heißt, lege ich ins Handschuhfach. Direkt neben die Rolle mit den peinlichen knallroten *Fit+Fun*-Kackbeutelchen. Die haben wir jedes Jahr dabei. Worin beim Würstcheneinsammeln die *Fit*-Komponente besteht, ist mir einigermaßen klar. Immerhin werde ich zu Kniebeugen gezwungen. Der *Fun*-Aspekt hat sich mir bisher nicht erschlossen.

Provençe, wir wären so weit!

Es warten ein azurblauer See, ein idyllisches Dorf und leider sehr tapfere Katzen.

Viens iiiiciiiiiiiiiii!

Das lang gezogene deutsche *Hiiiiieeeeerrrrr* ist ein Kommando, das Hunde in der Regel als Aufforderung betrachten, sich auf schnellstem Wege noch weiter von ihrer Bezugsperson zu entfernen. Auf Französisch heißt das: *Viens iiiiciiiiiiiiiii!*

Richtig ausgesprochen klingt es wie eine Kreissäge, die sich durch ein Aluminiumprofil frisst. Es versteht sich von selbst, dass der französische Hund daraufhin macht, was er will. Es ist überhaupt sehr interessant, dass Hunde, die ihre Frauchen und Herrchen abperlen lassen, in Frankreich genauso aussehen wie in Deutschland, Oberösterreich oder Turkmenistan. Die Leckmichmalkreuzweise-Haltung scheint international dieselbe zu sein: Der erregt angesprochene Hund zuckt mit keinem einzigen Ohr, stutzt nicht für eine Zehntelsekunde, hält die Rute – sofern er noch eine hat – steil und zieht sein Ding durch.

Mit *Ding* ist wahlweise gemeint, dem deutschen Deppen mit den zwei Hunden vors rote Damenfahrrad zu laufen; am See durch die Entengrütze und danach über die Tourihandtücher zu brettern; dem holländischen Wohnmobil dekorativ vor den Eingang zu kacken; vor der Snackbar an die sich langsam im Wind drehende Speisentafel zu pieseln. Dazu aus dem Off das kreissägende *Viens iiiiciiiiiiiiiii!*, das alle hören, nur nicht die, die es angeht. *Vive la France!*

Schlaflos in Sainte-Croix

Dieses Jahr ist es auf dem *Camping Municipale Les Roches* lauter als sonst. Das hat im Wesentlichen mit einem kleinen schwarzweißen Hund aus Erkrath zu tun, der für alle Campinggäste auf der oberen Terrasse bereitwillig die Platzwache übernommen hat.

Sobald ein Bewegungsmuster auftaucht, das er nicht kennt, schlägt Wiki Alarm. (Auf einem Campingplatz gibt es viele Bewegungsmuster, die man nicht kennt. Vor allem nachts!) In der Regel braucht Wiki zwei Tage, bis er ein solches Bewegungsmuster verinnerlicht hat. Dann bellt er nicht mehr. Die dazugehörige Figur ist nun in seinen Augen berechtigt, diesen Teil des Campingplatzes zu betreten und dort zu verbleiben. Leider reist die Figur meistens am dritten Tag wieder ab. Der Lernprozess beginnt von Neuem.

Dass der verantwortungslose Halter des krakeelenden Sicherheitspersonals nicht gesteinigt wird, liegt an dem französischen Baby, das ab fünf Uhr morgens lauter kräht als jeder gallische Hahn, und an den sechsjährigen Zwillingsmädchen unserer holländischen Nachbarn. Die beiden daddeln auf kleinen Nintendos und kreischen immer *Niiii Niiiii Niiii* ins Gerät. Daraus ergeben sich für alle Nachbarn zwei entscheidende Fragen. Erstens: Kennt jemand dieses Spiel? Und zweitens: Wie spricht man Ohropax korrekt auf Französisch aus?

Der schwarz-weiße Hai

Wenn man zwei Hunde hat und ein Zehn-Euro-Gummi-Apportel in den See hinauswirft, gibt es drei Möglichkeiten.

Möglichkeit eins: Der große Hund erreicht es zuerst. Er nimmt das Apportel zwischen die Zähne und schwimmt Richtung Land. Nach ein paar Metern kommt ihm der kleine Hund entgegen und verbeißt sich in das Gummistöckchen. Beide schwimmen gegeneinander. Dabei kommen die Köpfe immer weiter aus dem Wasser, die paddelnden Hinterteile sinken immer tiefer. Kurz bevor beide untergehen und ihr Leben verlieren, knurrt der Große. Der Kleine lässt los und geht friedlich längsseits. Beide schwimmen an Land.

Möglichkeit zwei: Der Kleine erreicht das Apportel zuerst, weil der Große eine Weile festgehalten wird. Er schnappt den Stock, spürt den heißen Atem des Großen im Nacken. Jetzt greift der Große an! Der Kleine wird fuchsteufelswild und zickzackt fauchend im Wasser herum. Das Wasser um ihn herum schlägt Blasen. Es brodelt, als wäre der weiße Hai aus den Tiefen geschossen. Daraufhin geht der Große friedlich längsseits. Beide schwimmen an Land.

Möglichkeit drei: Der bibbernde, zähneklappernde Hundehalter erreicht das friedlich im See dümpelnde teure Apportel, weil es schon spät ist und die vierbeinigen Herrschaften jetzt lieber speisen möchten, anstatt sich noch ein letztes Mal nass zu machen, wo doch das Wasser um diese Zeit sowieso nicht mehr sonderlich warm ist und die Grillen schweigen und überhaupt.

Dem Wahnsinnigen sein Stein

Wichtige Urlaubserkenntnis: Wenn Wiki verreist, nimmt er alle Macken mit. Seine Verwandlung vom Hipster zum Mobster ist also nicht an einen deutschen Garten gebunden. Ein französischer Campingplatz tut's auch. Da wir aus Sicherheitsgründen unsere Lebensmittel in den Baum gehängt haben – der Futtersack ist annähernd medizinballgroß –, wählt er in Ermangelung lohnender Beute einen Kiesel aus und schleckt ihn ab. Danach ist das gute Stück so wertvoll, dass Wiki bereit ist, bedingungslos sein Leben dafür zu geben.

Jetzt haben wir diesen fauchenden Mr. Hyde also auch vor dem Zelt!

Die Arie, die der hoffnungsvolle junge Tenor in einem Open-Air-Konzert am Lac de Sainte-Croix zum Besten gibt, heißt *Greift ruhig zu, wenn ihr zu viele Finger habt.* Kenner schätzen die rauchige Varianz der Stimme sowie die überzeugende Bühnenpräsenz des Künstlers. Ich bin sicher, dass der Schnuckel damals wegen wiederholten Aufführens dieser Nummer vor unerfahrenem Publikum im Tierheim gelandet ist.

The Good, the Bad and the Ugly

Nach vierzehn Tagen praller Sonne und dreißig Grad Hitze ist die obere Terrasse unseres Campingplatzes so trocken, so pulverig, so hustenreizig. Ich greife mir eine Faust voller Dreck und halte sie in den Wind. Während der Staub durch die Luft weht, erfasst mich fiebriges Delirium!

Ein baumlanger Däne in Cowboystiefeln schlurft über den Platz, die Hand am Colt, belauert von einem zahnstocherbeißenden Franzosen, den ich nicht aus meinen gefährlich blinzelnden Augen lasse, während mein Schaukelstuhl in der stechenden Sonne todbringend hin und her quietscht.

Ich kaue meinen Zigarrenstummel. Es wird nur einer überleben. Ein kleiner schwarz-weißer und ein großer brauner Koyote heulen. Irgendwo hinter dem Galgenhügel spielt ein einarmiger Bursche Mundharmonika.

A-y-a-y-aaaaa wawaaaawa!

Urlaubskässchenkrise

Da dieses Jahr schon einiges zu Bruch gegangen ist – unter anderem ein selbst getöpfertes Streichfettschälchen – und unsere Biobutterrechnungen aufgrund der Neigungen eines gewissen Herrn ins Unermessliche gestiegen sind, ist das Urlaubskässchen nicht allzu üppig gefüllt. Leberwursteis ist auf keinen Fall drin. Auch Lunas und Wikis traditionelle Tretbootfahrt in der Mündung des Verdon fällt dem Rotstift zum Opfer.

Ausgerechnet in dieser klammen Lage muss auch noch der Bulli in die Werkstatt. Was ist geschehen? Als vor Madame Francines *Supermarché* eine Katze um unser Auto schleicht, regen sich die Hunde auf dem Rücksitz furchtbar auf. Dabei platzt vorne im Motorraum der Turboschlauch. Ein direkter Zusammenhang lässt sich nicht herstellen, aber einer muss ja schuld sein. Jedenfalls fährt der Bulli danach nur noch siebzig Sachen, kommt keine Steigung mehr hoch und blendet den Fahrer mit drei grellen Warnlampen: Motormanagementchaos, Dieselpartikelfilteralarm, Lambdasondeninsuffizienz. Das geht bei Volkswagen und seinen angeschlossenen Vertragswerkstätten in die Tausende. Die gesamte Resturlaubsfinanzierung droht sich in Rauch aufzulösen.

Bevor es für die Hunde zum Äußersten kommt – statt Edelsalami aus Moustiers nur noch Knäckebrot mit vegetarischem Tartex –, entdecken wir in Sichtweite von Wikis rotem Lieblingshydranten die Werkstatt eines markenungebundenen Magiers, der alle Probleme innerhalb von zwei Stunden beseitigt und dafür siebzig Euro verlangt. Die glimmenden Warnlampen bringt er mit einem schwarzen Zauberkästchen zum Erlöschen, das vermutlich nur unter dem Ladentisch eines ölverschmierten Ganzkörpertätowierten erhältlich ist. Ich hätte noch für achtzig Cent den Tacho zurückdrehen lassen sollen, ich Idiot!

Hundehüttenmodell Bulli

Luna schläft im Zelt, Wiki schläft bei uns im Bulli. Das garantiert, dass alle Beteiligten genügend Schlaf kriegen. Sonst spielen die zwei womöglich bis weit nach Mitternacht Siebzehn und Vier.

Wenn sich die Hunde nach langer, langer Zeit – also am anderen Morgen – wiedersehen, freuen sie sich wie Bolle und balgen einmal quer über den Platz, dass es nur so staubt. *A-y-a-y-aaaaa wawaaaawa!*

Was die Maße unserer vierrädrigen Hundehütte angeht, macht mir so schnell keiner was vor. Ich kenne meinen Wagen bis zum letzten Millimeter. Ich habe es quasi im Blut, wo er hinten, vorne, oben, unten, rechts und links endet. Ich parke seit fünf Jahren unfallfrei damit ein, befahre Parkhäuser in halb Europa, ohne das Dach einzudrücken, und überzeuge mit sauberen Hundertachtzig-Grad-Kehren, die selbst in engen Gassen die Häuserwände unangetastet lassen.

Als sämtliche Mitglieder meiner Familie der Ansicht sind, das Schiebefenster sei zu weit offen, Wiki würde sich durchquetschen, ich solle das Fenster lieber in Stellung eins statt in Stellung zwei einrasten, weise ich sie daher freundlich, aber bestimmt zurecht: »Mir macht keiner was vor«, sage ich. »Ich kenne die Maße meines Wagens bis auf den letzten Millimeter. Ich habe es quasi im Blut, wo er hinten, vorne, oben, unten, rechts und links endet. Ich parke seit fünf Jahren unfallfrei damit ein, befahre Parkhäuser in halb Europa, ohne das Dach einzudrücken, und überzeuge mit sauberen Hundertachtzig-Grad-Kehren, die selbst in engen Gassen die Häuserwände unangetastet lassen.«

Dann füge ich noch hinzu: »Wiki passt niemals durch die Lücke!«, und schließe das Auto ab. Fünf Sekunden später segelt der Knabe durch das Fenster, ohne rechts, links, oben und unten den Rahmen auch nur zu berühren.

Le Président

Mit einem präzisen körpersprachlichen Signal – ich gehe mal kurz ein Pfund Flaschentomaten und ein Büschel Basilikum waschen und denke an nichts Böses – gebe ich die Beute auf dem Campingtisch frei. Es ist ein aromatisch duftender, cremigweißer, fließender Camembert. Er heißt *Le Président.* Vermutlich denkt Wiki, dass ein Käse, der so heißt, nur ihm allein zusteht.

Leider hat *Le Président* die gleiche durchschlagende Wirkung wie *La Beurre.*

WUP-WUP-WOARGHHHH!

Als ich vom Tomatenwaschen zurückkehre, bewacht er bereits ein fettiges, unappetitliches Häufchen Präsidentenkotze. Ich lege die Tomaten beiseite und beschließe, mich dem knurrenden Hund zu nähern und meine Beobachtungen im Dienste der Wissenschaft zu notieren – vorausgesetzt, ich habe hinterher noch alle Finger zum Tippen.

Bemerkenswert ist die große Distanz, bei der Wiki von weich auf hart umschaltet. Lässt er einen bei billigem Tand wie Sport-BHs, leeren Chipstüten und abgeleckten Steinen auf anderthalb Meter herankommen, warnt er bei Kostbarkeiten wie Butter- und Präsidentenkotze schon bei sechseinhalb. Je näher man kommt, desto intensiver wird das Fauchen. Bei Berührung wird er attackieren. Da ich Flipflops trage, verzichte ich auf die Verifizierung dieser These und stupse das Häufchen lieber nicht an. Sehr erfreulich ist, dass ich trotz aller Aufregung zu ihm durchdringen kann. Er ist in diesem Stadium erreichbar, wenn auch erst nach der fünften Aufforderung. Ich kann ihn zu mir rufen. Schicke ich ihn danach wieder zum Häufchen, kippt er augenblicklich in den alten Modus zurück und regt sich noch mehr auf als vorher.

Daran ändert sich auch nichts, wenn ich zwischenzeitlich eine halbe Stunde lang mit ihm schmuse. Am Präsidentenhäufchen setzt sofort wieder das Knurren ein und hört erst auf, wenn ich mich in ausreichende Entfernung zurückziehe.

Zehn Meter, um genau zu sein. Ich habe es gemessen.

Ein Wahnsinnstyp! Ich liebe ihn.

Gesellschaftsspiel mit Knurrer

Wir liegen im Hochdach unseres Bulli und sehen durch das Seitenfenster in den Sternenhimmel. Wir fühlen uns wie im Baumhaus. Wiki pennt in der unteren Etage. Luna schnarcht bei den Kindern im Zelt.

Wiki macht leise Rrrrrrrrrr.

»Was hat er?«, frage ich.

»Mein T-Shirt«, sagt Stella.

»Rrrrrrrrrr!«, mache ich.

Rrrrrrrrrr macht Wiki.

»Er denkt, dass wir ihm gleich das Shirt wegnehmen, und knurrt zur Sicherheit schon mal«, sagt Stella.

Wir gucken schweigend Sterne. Unter uns ist es mäuschenstill.

»Spielst du *Ich packe meinen Koffer* mit mir?«, frage ich nach einer Weile.

»Einverstanden«, sagt Stella und fängt an. »Ich packe meinen Koffer und nehme mit: eine Hose.«

»Ich packe meinen Koffer und nehme mit: eine Hose und ein Rrrrrrrrrr.«

Rrrrrrrrrr macht Wiki.

»Ich packe meinen Koffer und nehme mit: eine Hose, ein Rrrrrrrrrr und eine Zahnbürste.«

Rrrrrrrrrr macht Wiki.

»Ich packe meinen Koffer und nehme mit: eine Hose, ein Rrrrrrrrrr, eine Zahnbürste und einen Fön.«

Rrrrrrrrrr macht Wiki.

»Beuteaggression ist gar nicht so schlimm«, sagt Stella und gähnt. »Man muss sich nur miteinander arrangieren.«

Urlaub mit i

Tag für Tag *Viens iiiiciiiiii* und *Niiii Niiii Niiii!* Es macht mich wahnsiiiinniiiig! Luna zuckt nicht mit der Wimper. Woher unser impulsives Hundeweib die Seelenruhe nimmt, mit der sie den *Niiiis* des Lebens begegnet (ausgenommen Hunden, Katzen, Hasen und Füchsen), ist mir ein Rätsel. Bei Gelegenheit werde ich mir ein Scheibchen davon abschneiden.

La Souris du Baroufe au Lac

Le boeuf der Ochs, *la vache* die Kuh … in der Untertertia hatte ich zum ersten Mal Französischunterricht. Drei Jahre später, am Ende der Untersekunda, habe ich das Fach abgewählt. Entsprechend dilettantisch drücke ich mich fünfunddreißig Jahre später im Urlaub aus. Die Überschrift heißt *Die Maus des Krawalls am See.* Alle groß geschriebenen Wörter musste ich nachschlagen. Neben dem inflationären Gebrauch des Wörterbuchs zieht mein überschaubarer französischer Vokabelschatz noch eine weitere Konsequenz nach sich: Ich kann mich nicht formvollendet entschuldigen. Deshalb dürfen meine Hunde im Ausland nichts anstellen.

Seit diese französische Beauceronsumpfkuh am zweiten Urlaubstag auf meine Zicke losgegangen ist, kenne ich allerdings einen wunderbaren Satz, den man elegant einwerfen kann, wenn Hundebegegnungen aus dem Ruder laufen. Das Sumpfkuhfrauchen hat ihn gesagt. Er zergeht auf der Zunge:

»Je suis desolée.«

Mir platzt der Kragen

Man kann zwanzig Minuten am See entlanglaufen, bis der Weg zu Ende ist. Danach geht es zwanzig Minuten zurück. Wenn man diese Runde vor halb neun Uhr morgens absolviert, brennt die Sonne erst mit siebenundzwanzig Grad. Man wird nicht ohnmächtig und verliert nur zwei Liter Flüssigkeit.

Am ersten Tag möchte ich bei Kilometer 0,1 einem zarten weißen Hündchen ausweichen. Luna und Wiki möchten das nicht. Ihnen liegt Ausweichen nicht. Es bahnt sich ein Interessenkonflikt an, in dessen Verlauf ich auf der frisch geteerten Seestraße hin- und herkugele wie ein alberner Welpe und mir Knie, Ellenbogen und zwei Fingerknöchel aufschlage. Sommerknie haben wir das früher genannt. So etwas hat man mit sieben oder acht. Mit vierundfünfzig sieht es albern aus.

Am zweiten Tag dürfen wir nicht an einem parkenden Altpeugeot vorbeijoggen, weil quer davor eine Hündin liegt und ihn bewacht. (Genau. Die Beauceronsumpfkuh.) Ihre Herrschaften ruhen noch im Automobil. Als die Hündin uns kommen sieht, erhebt sie sich und baut sich mit steiler Bürste vor uns auf. Vertreiben lässt sie sich nicht. Also nicht von mir. Ich habe es ja versucht, ich Wurm. Von Luna schon. Die steigt einmal kräftig in die Leine. Der stählerne Karabiner splittert in Stücke. Mein entfesseltes Mädchen stürzt sich auf ihre Gegnerin und prügelt sie formvollendet, aber unblutig den Weg entlang, bis diese mit eingezogenem Schwanz kehrtmacht und hinter dem Peugeot Zuflucht sucht. Davon wird ihr Frauchen wach.

»Ich bin untröstlich«, entschuldige ich mich. *»Je suis desolé.«*

Am dritten Tag dirigiere ich Luna an einem renitenten Spaniel vorbei. Sie bleibt ruhig. Das ist merkwürdig, kommt aber vor. Dafür rastet unsere Radaurassel aus. Offensichtlich hat Wiki in der Kabadose übernachtet. Das macht groß und stark. Wenig später pöbelt Luna einen Rottweiler hinter einem Gartenzaun an. Des Weiteren werden im Laufe dieses Tages gemeinsam ein Hüti, ein Windi und ein Fußhupi zur Sau gemacht. Alle Aktionen sind mit wildem Herumreißen an mir – meinen Armen, meinen Händen, meinen Nerven – verbunden.

Ich habe die Schnauze endgültig voll!

»Merkt auf, Hundepack!«, mahne ich noch am selben Abend im Rahmen eines ernsten Gesprächs unter sechs Augen. »Die Inspiration habt ihr mir geliefert. Die Bücher sind geschrieben. Es gibt also keinen vernünftigen Grund, warum ich mich noch länger mit euch herumschlagen sollte. In Aups ...« – das wird passenderweise *Ups* ausgesprochen – »... kenne ich einen ausgezeichneten Chinesen, der ein gemütliches Körbchen für euch hat. Das Körbchen ist untertags erfrischend kühl und abends mollig warm. Es heißt Wok!«

Seither laufen wir in Frieden und Eintracht nebeneinander her. WOK ist das neue FUSS!

Doch, doch, es geht noch schlimmer

Die neuen Belgier am Strand rackern eindeutig härter als wir. Das muss ich neidlos anerkennen. Was mir nicht schwerfällt. Ich freue mich immer, wenn ich das Vergnügen mit Hundehaltern habe, die noch herbere Aufgaben zu bewältigen haben als unsereiner. Im Zentrum des Schauspiels stehen zwei hundertfünfzig Pfund schwere Doggen, die bei jedem Anlass ausflippen wie Luna zu ihren besten Zeiten. Hund, Katze, Maus, Badegast, Luftmatratze, Surfer, Tretboot, Wurstsemmel, Marienkäfer, Niveaball – WOOAAARRRRRRRHHHH!!!

An unterarmdicken Tauen sind sie an den stabilsten Baum des Strandes gebunden, der aber so bedenklich wankt, dass die Besitzer sich noch zusätzlich in die Seile hängen – bauchiges Herrchen und stämmiges Frauchen, die in Schräglage über den Kies rutschen, als ritten sie im Trapez eines Katamarans bei Windstärke zehn.

Ich sage freundlich *»Bonjour!«* und passiere mit meinen schweigenden Hunden den Platz des belgischen Aufruhrs. *»Bien dressés!«*, wird mir zugerufen. Ich lasse das so stehen. Muss ja keiner wissen, dass meine zwei das erste Mal seit zehn Tagen die Schnauze nicht aufreißen. Die haben Schiss vor den beiden grollenden Fleischleibern.

BOINK macht Boile

Luna und Wiki kriegen sich in der Mittagspause aufsehenerregend in die Wolle. Der Zeitpunkt ist ideal. Sämtliche Nachbarn haben schwer gegessen und sind im Begriff, die nächsten zwei Stunden Siesta zu halten. Die Hunde fetzen sich hinter dem Bulli, dass der Staub auf die umliegenden Zelte und Wohnmobile spritzt. Dort werden bereits Wetten abgeschlossen. Hundekämpfe scheinen eine willkommene Abwechslung im Camperalltag zu sein.

»Worum geht's da?«, frage ich und bleibe faul liegen.

»Um Baguette«, sagt Stella, die auch nicht daran denkt, ihre Liege zu verlassen.

»Was ist da drauf?«

»Nichts«, sagt Stella. »Eigentlich geht es auch gar nicht um Baguette, sondern um eine Stelle auf dem Boden, wo gestern ein Baguette lag.«

»Sie prügeln sich wegen Duft???«

Irgendwann macht es Boink! Luna rammt aus Versehen den Bulli. Dann macht es Rrrrrrr! Dann nur noch erbostes Schnaufen. Dann Ruhe.

Anderntags hat Luna eine Beule an der Rippe.

Über den Thrill im Urlaub

Wenn man bei Bauduen den See verlässt und hinter Aiguines in die enge Serpentinenstraße einbiegt, die eng an der Kante der sechshundert Meter tiefen Verdonschlucht entlangführt, erreicht man nach zwanzig Kilometern die Pont d'Artuby. Diese spektakuläre Brücke überspannt den Artuby, einen linken Nebenfluss des Verdon. Es gibt Wahnsinnige, die stürzen sich am Bungeeseil von der Pont d'Artuby hundertzweiundachtzig Meter in die Tiefe.

Das ist der tiefste Bungeesprung Europas. Er kostet hundert Euro. Ich binde mir zwei Hunde an Fünf-Meter-Leinen an den Liegestuhl. Das ist gratis.

Donner und Doria

Mitten in der Nacht tobt ein Gewitter über den See und den Campingplatz. Statt von Panikattacken ergriffen zu werden, ringeln sich unsere Hunde ein und pennen weiter. Wir hasten derweil durch den krachenden Regen, spannen das Zelt ab, sichern die Wäsche und kippen eine vierzig Liter schwere Wasserbeule aus dem Sonnensegel. Wieso heißt das überhaupt Sonnensegel?

Was bin ich froh über unsere unkomplizierten Hunde. Sie zucken bei Gewitter nicht mit der Wimper. Sie verschlafen jeden Silvesterböller. Sie fressen, was ihnen vorgesetzt wird. Sie haben keine Allergien, keine Würmer, keine Hüftbeschwerden. Sie fahren stundenlang Auto, ohne zu murren oder zu kotzen. Sie bleiben auch mal zwölf Stunden allein zu Hause und demolieren die Bude nicht. Allerhöchstens hopsen sie durch alle Betten und klauen ein Brot. Sie mögen Kinder, Wasser, Jogger, Mountainbiker, Traktoren und Mülltonnen.

Sie haben nur zwei kleine Macken: Luna will gelegentlich Hunde beißen, Wiki Erwachsene. Im Durchschnitt liege ich deswegen zweimal im Jahr auf der Schnauze.

Diesen Preis zahle ich gerne.

Kernfrage

Komisch. Eben noch hätte ich sie am liebsten im Wok gebraten, schon habe ich sie wieder lieb? Wie schaffen die das bloß immer?

Scheffcurrywurst à la Baroufe

Ein leckerer Impuls für alle, die ihre Hunde im Urlaub effizient erziehen und trotzdem nicht auf Genuss verzichten wollen:

Zwei Biobratwürste kross braten, in einer Überdosis köstlichen handgefertigten Ketchups ertränken und üppig mit selbst geröstetem Madras Curry bestreuen. Zwei aufmüpfige Hunde neben dem Teller platzieren und vor ihren entsetzten Augen beide Bratwürste bis zum letzten Bissen selber fressen!

Null-Sterne-Küche

In Restaurants ordere ich ausschließlich Speisen, die einhändig genossen werden können. Also eigentlich nur Pommes frites. Ohne Ketchup. Es sei denn, es wird im Schälchen serviert. Ketchuptütchenausdrücken geht nicht. Dafür braucht man zwei Hände.

Mit der anderen Hand muss ich die Hunde unter dem Tisch festhalten. Ihre Unbeherrschtheit bei vorbeiflanierenden Katzen und Hunden hat jetzt also bereits dramatische Auswirkungen auf meine Mahlzeiten. Über kurz oder lang werde ich nur noch Hühnerbouillon ohne Einlage mit Strohhalm bestellen, weil ich beide Hände zum Bändigen brauche.

Ich bin mir ziemlich sicher, dass Nadin Matthews nicht die einzige Hundeahnunghaberin ist, die beim Lesen des obigen Absatzes mehrfach den Kopf auf die Tischkante haut und sich fragt, wie leidensfähig Hundehalter eigentlich sind und wie viel Elend sie noch in Kauf zu nehmen gedenken, bevor sie handeln.

Weiß ich doch nicht! Frag mich etwas Leichteres!

Abends um halb zehn in Frankreich

Nein, es gibt kein Knoppers. Um halb zehn steht Luna vor dem Zelt und fiept. Sie will ins Bett. Ohne Witz, sie will ins Bett! Man hat dann zwei Reißverschlüsse zu öffnen, damit sie in die Zeltkabine schlurfen kann. Dort sucht sie sich eine Ecke aus, dreht sich dreimal um sich selbst und sinkt mit einem seufzenden MNOOFFF auf ihre zusammengekrumpelte Decke.

Währenddessen macht Monsieur sich ausgehfertig. Er rupft sich mit den Zähnen alle Kletten aus der flauschigen Rute und widmet sich der Intimhygiene. Danach stellt er sich an den ausgetrockneten Wassergraben und wartet auf den Igel. Der kommt immer um diese Zeit.

Wenn er endlich da ist, kriegt Wiki einen Tobsuchtsanfall und muss beruhigt werden. Danach sagen die beiden höflich *Au Revoir* zueinander und freuen sich auf das Treffen am nächsten Abend.

Das Ende der Welt

Wenn man einen Ausflug ans Mittelmeer macht und schließlich hoch über Cassis in den felsigen Calanques steht und aufs Wasser hinausblickt, könnte man meinen, die Erde sei eine Scheibe, und da hinten liege der Rand. Die Hunde sehen unerschrocken hinüber. Zu ihren Füßen fallen die Felsen vierhundert Meter tief ab. Ich nutze den Ausblick für eine Erziehungsmaßnahme.

»Schaut!«, sage ich und zeige auf das Erdscheibenkantenende. »Hunde, die unartig sind, müssen bis ans Ende der Welt schwimmen und werden dort vom bösen Watz über den Rand geschubst.«

Die alten aversiven Märchen funktionieren immer noch am

besten. Die beiden sind so beeindruckt, dass sie, ohne an den Leinen zu rucken, zum Auto zurücklaufen.

Überhaupt dieses Leinenrucken! Seit elf Jahren (Luna) und fünf Jahren (Wiki) zerren sie gnadenlos nach rechts oder links, sobald ein interessantes Objekt oder ein spannender Geruch am Wegrand auftaucht. Es ist ihnen egal, wer am anderen Ende der Leine hängt. ZOCK macht es, und das Schultergelenk kugelt aus. ZOCK!!! Und wieder ZOCK in die andere Richtung. Einen Scheißdreck kümmern sie sich um mich und meine Gesundheit. Sie machen ihr Ding. Sie würden es auch machen, wenn ein Bagger mit ihnen Gassi ginge.

Ich habe mich deswegen schon schwarzgeärgert. Damit ist es jetzt vorbei. Ich bin zufrieden. Während ich von meinen Hunden durch die Gegend gezickzackt werde, praktiziere ich Schönsprech 2.0: »Leinenführigkeit wird doch arg überschätzt«, murmele ich. »Vor allem größere Hunde müssen schon aus gesundheitlichen Gründen ständig ziehen. Dadurch, dass sie kräftig in den Seilen hängen, stärken sie die Muskulatur ihres Rückens und ihrer Hinterläufe. Das erleichtert das Treppensteigen im Alter und beugt eventuellen Hüftschäden vor. Doch, ja, es gibt da eine Studie. Ich suche sie bei Gelegenheit raus.«

Noch etwas Gutes hat die Zergelei. Ich kriege mit den Jahren einen Oberarm wie Popeye. Ganz ohne Spinat. Oder *épinards hachés,* wie es hier in Frankreich heißt, das wir bald verlassen werden, weil wir irgendwann auch mal wieder nach Hause müssen, um nachzuschauen, ob die Nachbarkatzen nicht übermütig werden, wo ihnen doch seit vier Wochen keiner mehr Prügel androht.

Es wird Zeit, die Zelte abzubrechen …

… wenn die schlechteste Coverband Südfrankreichs zum fünften Mal am See auftritt;

… wenn man unbemerkt den eigenen Topflappen auf dem Gasherd verbrennt und behauptet, der französische Nachbar brate das Fleisch aber scharf an;

… wenn die Hunde bei □ dem Kommando □ der Anregung □ dem Wunsch □ dem Alternativvorschlag HIER (je nach bevorzugtem Erziehungsstil Zutreffendes bitte ankreuzen) nicht einmal mehr müde den Kopf dahin drehen, wo □ das Kommando □ die Anregung □ der Wunsch □ der Alternativvorschlag herkommt;

… wenn einem nichts mehr einfällt, was man noch in zwei Töpfen kochen könnte, und der Patron im Bureau statt erfrischendem Mistral wieder nur ein derbes Gewitter ankündigt;

… wenn das mürbe Sonnensegel reißt, nur weil ein streichholzdünnes Ästchen vom Baume fällt, und France Telecom drei Tage lang großkotzig ein 3G-Netz anzeigt, aber kein einziges Kilobyte durchlässt;

… wenn der kleine Rüde die handgefertigte Wildschweinsalami vom Tisch frisst, obwohl daneben eine offene Packung billige Industriewurst liegt;

… wenn die große Rüdin wieder alle Hunde auf dem Platz anblökt, vor allem die ganz niedlichen: »SÜSSFÜHLER! DIR REISSE ICH GLEICH DEN ARSCH AUF!!!«;

… wenn man zu faul wird, Sätze zu Ende zu schrei

Wandern mit einem Atompilz

Wenn die Aufgabe darin besteht, einen schlappen Heinz über die toskanischen Hügel zu ziehen, sind nichtleinenführige Hunde das Größte. Ich schreite den Berg hinauf, als trüge ich Siebenmeilenstiefel.

»Mach doch mal langsamer!«, ruft Stella.

»Ich kann nicht«, ächze ich. »Da vorne sind Wildschweine!«

Wiki drückt die Nase auf dem Boden und staubsaugt eine Fährte. An seinen Hinterläufen treten die Muskelstränge heraus. Er zieht wie eine Lok. Luna trägt die Nase hoch. Sie wittert Wildschweinduft. Plötzlich zuckt sie von rechts nach links und wieder zurück. Ihr Fiepen geht in heiseres Schreien über, als sie die Bache mit den Frischlingen sieht. Ich stemme meine Profilsohlen in den Waldboden und lehne mich zurück, bis ich auf dem Hintern sitze. Die Hunde schleifen mich ein paar Meter weit, dann kommen wir an einem querliegenden Baumstamm zum Stillstand. Ich hole die beiden Fünfmeterleinen ein und versuche, mir dabei nicht die Finger am Nylon zu verbrennen.

Muss man sich eigentlich alles geben, wenn man die fünfzig überschritten hat? Sind das die ersten Anzeichen der bevorstehenden Midlife-Crisis, die Männer in diesem Alter befällt? Die einen laufen plötzlich Marathon, die anderen springen aus Flugzeugen. Ich binde mir zwei vierbeinige Jagdjunkies an den Hosengürtel und renne durch toskanische Wildsauenwälder.

Da sich mein Stammtisch mit zwei zu drei Stimmen gegen die Toskana und für Wandern in Mittenwald entschieden hat, sind

Stella und ich kurzentschlossen nach Campiglia d'Orcia gefahren. Nur wir zwei. Die Kinder stellen derweil in Selbstverwaltung den heimischen Haushalt auf den Kopf.

In Campiglia ist es im September sehr schön. An kühleren Tagen wandern wir über die sanften Hügel, die *crete.* Wenn es zu warm ist, liegen wir faul auf der Wiese vor Grazia Lombardis Ferienhäuschen und gucken versonnen auf den Glockenturm, der hoch über dem Dorf wacht und die Zeit anhält.

Also, Stella und ich gucken auf den Glockenturm. Die Hunde nicht. Die Hunde schielen zum Kettenhund, der im Nachbargarten die Kaninchen, die Tauben und das Gemüse bewachen muss. Wir nutzen diesen günstigen Moment für eine pädagogisch wertvolle Maßnahme.

»Seht!«, mahnt Stella und zeigt auf den Sträfling, der an einer fünfzehn Meter langen Kette um einen Baum kreist. »Das passiert, wenn man in Italien unartig ist.«

»In China kommt man dafür sogar in den Wok!«, ergänze ich.

Als das nächste Mal Damwild vor uns über den Weg jagt, muss ich den Hunden nur einen scharfen Blick zuwerfen. Sofort brechen sie die Hatz ab und legen sich hin. (Während ich dies schreibe, wird meine Nase länger und länger.)

Die Realität sieht natürlich ganz anders aus. In Italien mit dem Kettendasein zu drohen hilft ungefähr genau so viel, wie in Cassis Hunde über den Rand der Welt zu schubsen – nämlich überhaupt nicht. Keiner bricht ab. Wiki nicht, Luna nicht und ich gezwungenermaßen auch nicht. Zu dritt rasen wir hinter den Rehen her, bis ich endlich einen dünnen Stamm finde, an den ich mich krallen kann.

Auf unserer langen Tour rund um Castiglione d'Orcia überqueren wir anderntags das Flüsschen Orcia. Die Hängebrücke ist schon lange zerstört. Aber direkt darunter ist eine Furt in den

Fluss betoniert. Der Orcia ist an dieser Stelle zwanzig Zentimeter hoch. Wir müssen die Schuhe ausziehen.

Während ich meine Schnürsenkel aufnestle, entdecke ich auf der anderen Seite der Furt ein Ehepaar mit einem schwarzen Hovawart. Auf Zuruf bringe ich zweierlei in Erfahrung. Der Akzent ist holländisch und der Hovawart eine Hovawartin. Luna hat das auch ohne Zuruf herausgefunden. Sie hat bereits die Yoga-Haltung *Starrender Puma, der finstere Gedanken hegt* eingenommen. Zum Schutz der Hovawartin und zur Aufrechterhaltung der freundlichen bilateralen Beziehungen mit den Niederlanden nehme ich meine beiden randalierenden Wahnsinnigen ganz kurz und eiere barfuß über die vermooste Betonfurt. Ein Albtraum!

Als ich mitten im Fluss wackelig vor mich hin glitsche und einmal kurz aufsehe, traue ich meinen Augen nicht. Der holländische Landsmann holt eine Kamera heraus und beginnt mich zu filmen! Der wünscht sich tatsächlich, dass ich mich spektakulär aufs Maul lege, damit er das Video für zweihundert Euro an die holländische Version von *Pleiten, Pech und Pannen* verkaufen kann.

Ich schwöre: Das nächste Mal wird abgeleint.

UND DANN FILME ICH!

Nur dass ich beim nächsten Mal weder zum Ableinen noch zum Filmen komme, weil alles so schnell geht. Der Waldweg hinter Bagno Vignoni ist schmal. Viel zu schmal. Ein Goldie-Ehepaar kommt uns entgegen. Sie kennen das Pöbelhundsyndrom nicht. Ihr Retriever auch nicht. Deshalb warten sie nicht, bis ich meine beiden Chaoten unter Kontrolle habe, sondern schreiten forsch ins Verderben.

Ich agiere trotz allerbester Absichten wieder nur provisorisch. Luna geht steil in die Luft vor Wut. Beim Landen knickt sie ein kühlschlauchdickes Bäumchen um, das Herrn Goldie die Brille aus dem Gesicht und das Herrentäschchen aus der Hand peitscht.

Wiki macht sehr laute Musik dazu. Der Herr bleibt erschüttert im Auge des Taifuns stehen und sucht seine Brille. Das macht es nicht leichter. Während er grimmig seine Accessoires aufliest und seine Gattin besorgt dazwischen-*huch*-t, liege ich im Graben und halte die tobenden Zossen kurz. Ich habe auch schon mal besser ausgesehen. Nie ist das Fernsehen da, wenn man es braucht, denke ich noch. Dann wird es schwarz. Wiki hüpft mit seinen dunklen Fellteilen über mein Gesicht.

»Mit uns wird es nie langweilig«, sagt Stella, als wir abends bei Wein und Pasta zum letzten Mal auf der schönen Terrasse sitzen. »Das ist wichtig zu wissen. Viele Paare können ja kaum noch etwas mit sich anfangen, wenn die Kinder aus dem Haus sind. Bei uns wird das anders werden.«

»Für unser Eheglück lasse ich mich auch noch mit achtzig durch die Wälder schleifen«, sage ich und küsse ihre Hand.

Zu unseren Füßen ertönt ein dezentes Wup-Wuup-Woo-oarrrrggghhhhh.

Gourmet-Tipp der Woche: sich eine gemischte Hasenfuchskackeplatte reinziehen und bei romantischem Kerzenschein unter den Tisch kotzen.

»Was kotzt der da unter den Tisch?«, fragt Peter.

Mein Stammtisch sitzt nach getaner Arbeit – einmal Hoher Kranzberg und zurück – in einem Mittenwalder Biergarten und hat fünf Humpen *Karwendel hell* bestellt.

»Gemischte Hasenfuchskackeplatte«, sage ich. »Das macht er beim Wandern immer. Bitte die Füße nicht bewegen, bis der Meister sein Produkt wieder aufgefressen hat.«

Luna überlegt derweil, wie sie Pascha, dem blonden Hovavart, den Garaus machen kann. Pascha wohnt im Haus der Vermieterin und teilt sich mit Luna denselben Hof. Er schimmert golden und so riesig, dass sich Luna am ersten Tag tief beeindruckt und höchst verhalten nicht einmal auf leisen Pfoten in den Hof traut. Das hält nicht lange an. Schon am zweiten Tag tritt sie forscher und kratzbürstiger auf. Kontinuierlich arbeitet Madame daran, die Machtverhältnisse in der Karwendelstraße zu verschieben. Während Wiki ausnahmsweise einmal sein vorlautes Mundwerk hält, nimmt Luna sich in Paschas Hof immer mehr heraus. Heute früh standen sich die beiden vor Paschas Haustür zähnefletschend gegenüber. Morgen wird es vermutlich die erste Prügelei geben.

Ansonsten ein Wandertag wie jeder andere.

Wie immer in wilddurchtosten Gebieten binde ich mir beide Hunde an die Hose. Nach einer halben Stunde Herumwuseln am beschaulichen Lainbach sind unsere Fünfmeterleinen zu kunstvollen Mustern miteinander verknüpft.

Ralf spricht von Makramee.

In dieses stabile Knotenwunder brettert ein kleiner Frenchbulli hinein, der nix tut. Meine zwei reißen mir fast die Hosen herunter. Das macht aber nichts. Derangierte Garderobe ist schnell wieder gerichtet. Ich schimpfe auch nicht. Mittlerweile sind mir die Tutnixhalter richtig ans Herz gewachsen, also all diejenigen, die ihren Hund nicht im Griff haben und denen Ausbüxen und Fremdhundbelästigen gepflegt am Allerwertesten vorbeigeht.

Ich nenne sie die Arglosen. Sie *trainieren* ihren Hund nicht, sondern *leben* ganz entspannt mit ihm zusammen im Hier und Jetzt. Irgendwie hat er *Sitz* und *Platz* begriffen. Manchmal kommt er, wenn man ihn ruft. Öfter aber auch nicht. Tutnixhalter kommentieren nicht jeden Schritt und jeden Atemzug. Sie forschen nicht pausenlos, ob ein Furz quersitzt. Sie machen einfach. Und manchmal machen sie nicht. Dann bauen die Hunde halt Mist, und es gibt ein bisschen Stress. Aber maximal viermal im Jahr, und wenn es fünfmal passiert – auch wurscht.

Herrschaftszeiten, sind die vielleicht locker und entkrampft! Beide, Mensch und Hund, ganzjährig. Davon können wir uns aber mal eine schöne Scheibe abschneiden, wir unermüdlichen Pausenlos-Erzieher, die wir nach einer solchen Begegnung immer gleich ins Hundeforum rennen müssen, um lauthals zu lamentieren, dass dieses verfluchte Inunshineinbrettern den Erfolg von acht Wochen Antiaggressionstraining weggefegt hat wie ein Tornado einen vertrockneten Steppenläufer und unser Heinerle jetzt wieder zittert wie Espenlaub, wenn wir kleine Frenchbullis zeigen und benennen.

»Entschuldigung, dass Ihr Hund in meine Hunde hineingerannt ist«, flöte ich dem Bullibesitzer zu.

»Macht nix«, strahlt er. »Sind halt Hunde.«

Der nächste Selbstmordkandidat mit Argloshalter ist ein Malteser, der uns am Lautersee aufs Korn nimmt. Normalerweise wissen kleine Hunde immer, wie lange die Leinen der großen sind, und bleiben geschickt außer Reichweite. Dieser nicht! Er stürzt sich auf Wiki. Luna packt ihn im Genick und schmeißt ihn weg. Er landet auf allen vieren und greift erneut an! Ein zischendes Torpedo.

Wiki hackt, Malteser hackt, Luna hackt.

Ich nehme meine zwei Liebchen aus dem Konflikt, was aber nicht viel hilft, weil der Konflikt hinter uns herrennt. Irgendwann wird er von Frauchen abgepflückt, die auf mein Anraten hin nach Blut sucht, keines findet und nur lakonisch meint, dass er es, Herrschaftszeiten aber auch, irgendwann doch mal lernen müsse.

Wenig später überrascht mich das Leben auf dem Kranzberg

mit einem Lerngeschenk. Ein unbeaufsichtigter Labbi biegt unversehens um die Ecke!

In Extremsituationen, die den Beruhigungsgriff ins Fell erfordern, ist es nicht nur wichtig, den Hund möglichst ruhig bei sich zu halten. Man sollte sich auch ruhig dem Hund zuwenden. Wenn man das allzu ruckartig macht, hat man die nächsten drei Wochen Rücken. Ich beuge mich hastig zu Luna hinunter, schiebe sie eng an mein Bein und spreche die souveränen Worte: »Du bist still! Lass mich das *mahahaaaa*-AAAAHHHH!«

Hexenschuss.

Die darauf folgenden Wandertage sind etwas beschwerlich. Luna und Wiki freuen sich, dass aufgrund meiner Bewegungseinschränkung die lästigen Korrekturen entfallen, und machen, was sie wollen – vor allem im häschenreichen Wald an den langen Leinen. Ich fühle mich im wahrsten Sinne des Wortes hin- und hergerissen. Mit gewaltfreier Erziehung des Zweibeiners hat das alles nichts mehr zu tun. Dafür bestärken mich meine vier mitwandernden Freunde konsequent positiv.

Umorientierungssignal: »Biergarten!«

Intermediäre Brücke: *»Karwendel hell, Karwendel hell, Karwendel hell.«*

Markerwort: »Fünf Halbe!«

Am letzten Abend sind wir zu faul zum Kochen und lassen uns vom Chinesen Essen bringen. Ein Glückskeks erteilt Luna die lang ersehnte Absolution für elf Jahre schlechtes Benehmen. Als sie das Gebäck aufknackt, fällt der Zettel heraus:

»Was heute ein Laster ist, kann morgen schon eine Tugend sein.«

Wenn ein Keks das sagt, muss es wohl stimmen.

Das Asthmaspray von Wiedenbrück

Die Lesesaison geht wieder los. Nach sechzig Auftritten zu zweit sind wir ab sofort zu dritt. Wiki darf mit. Luna findet, sie hat den schwarz-weißen Knallkopf für seine ersten drei Lesungen hervorragend geschult: In Erkrath pieselt er in die Buchhandlung; in Hückeswagen frisst er die Schokoherzen aus der Auslage; in Attendorn begleitet er Gästinnen aufs Klo.

Auf diesen drei Veranstaltungen wird nur am Schluss applaudiert. Prompt haben wir die erste Fehlverknüpfung. Unser Novize denkt jetzt bei jedem Klatschen, die Veranstaltung sei zu Ende und es gehe nach Hause. Ganz wibbelig wird er dann. Im Odenwald klatschen sie alle naselang, weil dort traditionell mit Äppelwoi vorgeglüht wird und alle bester Laune sind. Während meine alte Rampensau bei Applaus nicht mal mehr das müde Haupt hebt, hüpft Wiki an diesem Abend durch den Saal wie ein Knallfrosch und will mindestens zehnmal heim.

Auf den Hundeseminaren eines angesehenen Instituts am Chiemsee ist Applaudieren verboten. Die Große Vorsitzende persönlich hat das Klatschen im Ashram untersagt. Das Aneinanderschlagen der Handflächen traumatisiere die anwesenden Hunde, hat sie gerügt, wenn man den Referenten loben wolle, möge man bitte winken. Seither sitzen erwachsene Frauen und Männer in den Workshops und winken auf Kommando. Ich habe mich eine Zeit lang darüber lustig gemacht. Mittlerweile halte ich Winken für eine ausgezeichnete Applausalternative. Winken ist Tinnitus-Prophylaxe. In seiner Begeisterung über das vermeintliche Heimfahren entwickelt Wiki einen Lärmpegel, bei dem mit Sicherheit hundertzwanzig Dezibel anliegen. Nur Düsenjäger und Autorennen sind lauter.

Überhaupt fügt sich dieser kleine Hund ganz prächtig ins Bühnenleben. Dreimal beißt er zu: einmal Teppich, zweimal Schuh. Siebenmal benimmt er sich wie eine offene Hose wegen Sesamgrissini und ähnlichen Leckereien. Ein Video von einem Butterkotzevorfall wird im Laufe des Jahres zum Lesungs-Hit. Wer Wiki eben noch auf dem Schoß hatte, wird umgehend blass angesichts des Beserkers im Bild und des Originaltons über Bluetooth-Lautsprecher. Der Giftpilz lümmelt derweil im Backstagebereich und schnaubt: »Was denn, ihr Pfeifen?!«

Bedauerlicher Kollateralschaden: Nach der Premierenlesung von *Herrchenglück* ändert die *Yappa-Yappa*-Gruppe ihren Facebook-Status in Geheim, damit wir nicht mehr mitlesen. Dabei habe ich nur gesagt, dass vier Minuten Ankern wirklich kein funktionierender Rückruf ist.

Alzey

In Alzey tauchte urplötzlich ein fremder Hund im Saal auf, worauf mir mitten im Text die Gesichtszüge entgleisten. Zum Verständnis: Wenn man auf einer hellen Bühne steht und liest und einen großen Hund durch den dunklen Zuschauersaal streifen sieht und wenn man denkt, es sei der eigene große Hund, weil der ja der einzige große Hund hier ist, und wenn man sich dann umdreht und sieht, dass der eigene, einzige große Hund direkt hinter einem auf der Bühne liegt, und wenn man sich daraufhin erbleichend fragt: »Wenn meiner hinter mir liegt, wer ist denn dann der da unten?«, und wenn man unlängst neunhundertachtzig Euro und vierzig Cent für eine Schlägerei unter Schäferhundmixdamen bezahlt hat und wenn all diese Gedanken innerhalb von wenigen Zehntelsekunden im Hirn detonieren – – – – dann braucht man schon mal Herztropfen.

In meine beginnende Schockstarre hinein informiert mich Angela, die Veranstalterin, dass Cedric, der Hund, ihrem Freund Walter, dem Wirt, gehöre und selber gerne Löcher in andere Felle mache, im Grunde aber ein begnadeter Hündinnenversteher sei, ich könne Luna also gerne Bekanntschaft schließen lassen, es werde schon nichts passieren.

Und genau das passiert dann auch: nichts. Cedric steht nicht einmal auf, als die erboste Luna ihn endlich im Saal gefunden hat.

Sie: »WAS MACHST DU AUF MEINER LESUNG, DU PFOSTEN?!«

Er: »Mir gehört die Kneipe, Schatz.«

Sie: »Na gut.«

Singen

Während der Signierstunde verschwindet Luna spurlos. Ich sehe noch aus den Augenwinkeln, wie sie die Treppe ins Erdgeschoss hinuntertrabt. Auf meine beiläufige Frage, ob das Geschäft denn auch abgeschlossen sei, versichert mir die Buchhändlerin, da müsse ich mir gar keine Sorgen machen, die Tür sei zu, es käme garantiert keiner rein. Erst zehn Minuten später – Luna ist noch nicht wieder aufgetaucht – habe ich die Aussage zerebral verarbeitet. Siedendheiß durchfährt mich ein fürchterlicher Gedanke: *Keinerkommtrein* heißt noch lange nicht, dass auch keiner rauskommt.

»Alles gut«, beruhigt mich die Chefin. »Die Schiebetür ist im Notausgangsmodus. Die öffnet sich nur über einen Drucksensor. Da muss man aber schon mehr als dreißig Kilo wiegen, um den auszulö…«

Den Rest warte ich gar nicht mehr ab. Ich sprinte ins Erdgeschoss, latsche auf den Auslöser, schieße durch die Automatiktür ins Freie und sehe gerade noch, wie achtunddreißig Kilo Luna die Hegaustraße entlangspazieren – unangeleint, unbeleuchtet, unvermummt.

Butzbach

Ich kann meine Hunde nicht sehen. Sie sind zwischen den Zuschauerreihen verschwunden. Dafür kann ich sie umso lauter hören. Sie versauen mir mit ihrem Fiepen, Jiepern und Jaulen mindestens zehn Pointen. Ich schnippe. Ich pfeife. Ich rufe. Sie kommen nicht. Seufzend gehe ich nach dem Rechten sehen.

Der Anlass ihrer Erregung sind drei Krauses in der vorletzten Reihe, die direkt nach einem langen Trainingstag in die Lesung gerannt sind und fast eingehen vor Hunger. Sie haben sich Brezeln und einen Countryburger mitgebracht. Den verzehren sie in konsequenter Krausemanier direkt vor den großen hungrigen Augen meiner zwei Hunde. Fassungslos schauen Luna und Wiki zu, wie die Beute bis auf den letzten Krümel im Trainermund verschwindet.

Ludwigshafen

»Die vierundachtzig!«

Wir sind bei Thomas Bingen und seinen *Rheinauenwölfen* eingeladen. Die Lesung findet mitten im Wald im Naturfreundehaus statt. Man treffe sich schon um sechs und esse noch eine Kleinigkeit, hat Thomas am Telefon gesagt, ich könne mir aber ruhig Zeit lassen, die Lesung gehe erst um acht los.

»Fünfundachtzig, bidde!«

Als wir eintreffen, liegen vor den Gästinnen und Gästen kleine Zettelchen mit Nummern. Alle fünfzehn Minuten ruft der Koch eine Zahl ins Mikrofon. Dann kann ein Schnitzel abgeholt werden.

»Sechsundachtzigisfertig!«

Ich schaue auf die Uhr. Es wird knapp.

»Siebnunachsig!«

Um viertel vor neun meint Thomas, es sei vielleicht besser, schon mal mit Lesen anzufangen. Wer weiß, wie lange hier noch gekocht werden müsse.

»Pommesjägerachtundachtzig!«

Es ist unsere erste Lesung, bei der während des Vortrags duftende, heiße Schnitzel serviert werden. Luna und Wiki sind völlig fertig mit den Nerven. Vor lauter Sabbern vergessen sie, in meine Texte hineinzubellen, leichtsinnig abgestellte Handtaschen aufzubrechen oder sich von den anwesenden Kindern ins Koma streicheln zu lassen. Sie tropfen und werden beinahe ohnmächtig. Dennoch verhalten sie sich vorbildlich.

»Sechsundneunzig!«

Für den einzigen Tumult des Abends sind die Zweibeiner verantwortlich. Die Sechsundneunzig wird vor der Neunundachtzig serviert. Totaler Aufruhr!

Wiedenbrück

Behutsam zieht Wiki mit seinen feinen Zähnchen den Reißverschluss der Handtasche auf und klaut der allergiegeplagten Dame das Asthmaspray. Im Mai! Die Luft ist voller Birken- und Lindenpollen. Zu dritt versuchen wir, den Kleptomanen einzufangen, um ihm das Medikament zu entreißen.

Ein Satz aus einem Vortrag von Dorit Feddersen-Petersen kommt mir in den Sinn: » Hunde können eins ganz hervorragend: beobachten und wissen, mein Gott, der ist ja in einer ganz schlichten Tagesform.«

Sie hat so recht, denke ich, während ich albern gestikulierend durch die ganze Buchhandlung meinem Hund hinterherstolpere.

Fünf Sponsoren weggebissen

Auf der Suche nach Kooperationspartnern für *Herrchenglück* kommt die betreuende Agentur auf die glorreiche Idee, bei *Mars Petcare* anzufragen. Lesereisen sind kein Zuckerschlecken. Billig sind sie schon gar nicht. Der Büffelpansen für Luna, die Allergiesprays für Wiki, das muss alles finanziert werden. Außerdem würde der betreuende Autor gerne einen italienischen Sportwagen und ein provenzalisches Landgut sein Eigen nennen, bevor er sich noch im jugendlichen Alter in den wohlverdienten Ruhestand zurückzieht.

Freundlich verweist die Agentur auf *Die Krawallmaus-Tagebücher* im Internet. Da könnten sich die Damen und Herren von Chappifrolicroyalcanincesarpedigree vorab schon mal ein Bild machen. Daraufhin geraten zart besaitete Projektmanagerinnen in einen launigen Herbstbeitrag des Krawallmaus-Blogs und trauen ihren Augen nicht. Erschüttert kopieren sie einzelne Textpassagen, markieren Schlüsselwörter in Extrafett und schicken das Werk mit dem Vermerk, dass das alles so gar nicht zur Markenpositionierung passe, zurück an den Absender.

Aus dem Marketing von *Ein ganzer Kerl dank Chappi* wird diese Absage eher nicht gekommen sein. Es sei denn, der ganze Kerl ist mittlerweile strategisch weichgespült worden. Ich vermute ins Blaue hinein, es waren die Damen von *Zeig deine Liebe mit Cesar jeden Tag*. Cesar ist der feinfleischige Glibber, der im Fernsehen einem winzigen weißen Terrier mit Petersilie serviert wird. Einem Terrier! Ausgerechnet! Meiner frisst am liebsten halb vergammelte Froschleichen. Und er ist nur ein halber!

Mit einem Haps gleich fünf Sponsoren weggebissen – das ist unentschuldbar! Für den Fall, dass demnächst die Konkurrenz von Procter & Gamble anklopft, steht ab sofort an exponierter Stelle ein fliederfarbener Blümchenaufsatz im Blog:

Schmetterlingsgleich flatterte Luna über die moosweiche Wiese, half drei gebrechlichen Hasendamen über den Feldweg und umarmte sanft einen Baum. Der milde Wiki hatte sein Büdchen aufgebaut, um vorbeiziehenden bedürftigen Kleinsthunden wohlschmeckende Sauerampferkeulen aus veganem Anbau zu schenken.

Die beiden haben so ein großes Herz, dachte der Maulwurf und winkte ihnen zu. Erst letzte Woche hatten Luna und Wiki seine Kinder vor dem Hochwasser gerettet, und die Tiere des Heititei-Waldes hatten ihnen zu Ehren ein großes Fest gegeben.

Ach, ist das schön, so viele Freunde zu haben, seufzte Luna und brach dem süßen Eichhörnchen ~~das Genick~~ ein Ästchen vom Baum, damit es aus dem hohlen Stamm Honig naschen konnte.

Die lieben, lieben Bienchen!

Reinheim

Liebe Luna, wenn man vor so einem liebenswerten, hundeverrückten, vergnügten, äppelwoitrunkenen Kracherpublikum lesen darf wie wir in Reinheim, dann stellt man sich um dreiundzwanzig Uhr nicht vor hundert Leuten mitten auf die Bühne ins Scheinwerferlicht und – – – gähnt!

Heidenheim

Luna legt einem Herrn in der ersten Reihe treuherzig den Kopf auf den Oberschenkel und bettelt ihn an. Ein probates Mittel, um auf Lesungen die Futterautomaten im Publikum in Gang zu setzen. Das funktioniert immer tadellos. Nur heute nicht! Der

Angeschmachtete guckt ungerührt zurück und sagt: »Nein, du kriegscht nix. Du bischt hier bei den Schwaben.«

Später erfahren wir von einer Dame, ihr Hund sei im Wald von einem Reh umgerannt worden. Heidenheim ist ein mörderisches Pflaster.

Kärnten

Eine kleine, sonnige Lesereise führt uns über den Bodensee nach Tirol und Kärnten. Am Bodensee steigt ein Marder zu. Er beißt so geschickt in den Turboschlauch, dass dieser erst fünfhundert Kilometer später kurz vor Villach platzt.

Ich spreche ein ernstes Wort mit meinen beiden Angestellten. Marder vergrämen steht eindeutig in ihrem Arbeitsvertrag. Wiki redet sich heraus und behauptet, er hätte ausreichend ins Auto gepupt. Der Marder müsse unter Nebenhöhlenkatarrh gelitten haben, anders sei nicht zu erklären, warum ihm entgangen ist, dass es sich bei unserem Bulli um ein Hundeauto handelt.

Diese Haltung kann ich so nicht stehen lassen. Mir fehlt da der Biss. Auf einer kleinen Bergwanderung legen wir in einem Zielvereinbarungsgespräch eine neue Vergrämungsquote fest. Daraufhin schlürft Luna heimlich das Wasser aus den Vertiefungen der Kuhfladen, wartet geduldig, bis es im Bäuchlein rumort, und setzt drei Stunden später unter dem Beifall ihres nichtsnutzigen Kumpels einen riesigen Fladen auf die Bühne. Sieht ganz so aus, als wären sie mit der neuen Quote nicht einverstanden.

Reichelsheim

Ute Heberer lädt uns zu einer Lesung in ihr Tierheim TINO ein. Da sie sich außerstande sieht, ihre Räumlichkeiten von Hunden zu befreien, performen wir in einem etwas größeren Wohnzimmer, in dem sich hundert Leute, dreißig Hunde, Claudia Ludwig mit ihrem Fernsehteam sowie ein umfangreiches kaltes und warmes Buffet befinden.

DREISSIG HUNDE AUF UNSERER LESUNG?!

Luna ist so geschockt, dass sie sich hinter mich legt und einschläft.

Der Einzige, der an diesem Abend das Krawallmaus-Fähnchen hochhält, ist unsere soziopositive Schmusebacke, die bisher noch nie Probleme mit anderen Hunden hatte. Wiki beschließt bereits beim Buffetaufbau, dass das gesamte Essen ihm gehört. Blöderweise kommen dauernd Leute und nehmen ihm etwas weg. Manche füttern sogar ihre Hunde mit Häppchen von seinem Buffet! Wikis Nerven liegen blank. Er wird an diesem Abend in fünf Schlägereien verwickelt.

In einer Woche werden wir im *Lukas* in Essen lesen. Da sollen in der Halbzeitpause Snacks serviert werden. Vermutlich wird er die auch alle annektieren. Ich entwerfe schon mal ein großformatiges Warnschild.

Das Beulen-Dilemma

Was du hörst:
»Chondrosarkom. Eventuell mit
Metastasen in der Lunge.«

Was du sagst:
»Oh mein Gott!
Wie lange noch?«

Was dein Hund denkt:
Laber nicht, Doc!
Mach endlich die Keksdose auf!

Ein Arschloch names Beule

Stella blättert durch das Buch *Herbsthunde* von Tim Haltermann. Nachdenklich betrachtet sie die Bilder der alten Hunde.

»Die haben alle so einen weisen Blick«, sagt sie. »Da liegt viel Ruhe und Gelassenheit drin.«

»Nicht bei allen«, sage ich und sehe unserer Oma zu, wie sie zusammen mit ihrem dusseligen Kumpel in den Garten schießt, wo beide sich tierisch über den Kran auf der Baustelle gegenüber aufregen. Dessen Ausleger berührt an manchen Tagen den Rand unseres Gartens. In fünfzehn Metern Höhe! Und sein Schatten erst! Was fällt diesem Vollpfosten ein, ungefragt über den Rasen zu rennen. Wiki und Luna flippen jedes Mal aus.

»Kaum zu glauben, dass sie schon elf ist«, sagt Stella und klappt das Buch zu. »Kräne anbellen? Wie kann man so infantil sein.«

»Es sind so viele mit ihr alt geworden«, sage ich. »Am schlimmsten ist es, wenn wir den ein oder anderen plötzlich nicht mehr beim Spazierengehen treffen. Erst fällt mir das gar nicht auf. Irgendwann denke ich, komisch, den Pudel, der immer auf den Vorderbeinen balanciert, wenn er Leckerchen will, haben wir auch schon lange nicht mehr gesehen. Und dann dämmert's mir. Oder ich klappe morgens ahnungslos den Laptop auf, und wie aus heiterem Himmel ist ein Facebook-Hund nicht mehr da, der einem seit Langem schon ans Herz gewachsen ist.«

Der Kran angelt sich eine schwere Palette von der Ladefläche des

Dachdeckerlasters und schwenkt sie surrend über den Garten. Jetzt auch noch Dachziegel in unserem Luftraum?! Das geht gar nicht. Luna rumpelt am Staketenzaun entlang und ist die fleischgewordene Empörung. Im Sommer noch wäre sie über den Zaun gesprungen und hätte den Schatten des Auslegers bis nach Wuppertal-Elberfeld gejagt. Diese Energie hat sie jetzt nicht mehr.

Stella seufzt traurig.

»Wann ist es so weit?«

»Übermorgen um halb zehn.«

Ich möchte die Erkenntnis am liebsten nicht in meinen Kopf lassen, aber sie drängt sich nun einmal stur hinein: Luna ist elf, und das Leben ist endlich. Außerdem haben wir seit letztem Sommer einen neuen Untermieter:

Beule.

Beule bezieht ihre Unterkunft am Tag nach der Urlaubskeilerei, bei der es um dieses alberne Stück Brot geht … eigentlich geht es gar nicht um das Baguette, das ist nämlich gar nicht mehr da, weil es am Vortag an dieser Stelle von Luna aufgefressen wurde, es geht vielmehr um einen Fleck Erde, auf dem vierundzwanzig Stunden vorher mal ein knochenharter Baguettekanten lag, weswegen Wiki wie üblich eine mordsmäßig dicke Lippe riskiert und Luna sie ihm prompt noch dicker klopft … egal, jedenfalls taucht Beule nach diesem Scharmützel an Lunas rechter Rippenseite auf, fühlt sich an wie ein abgekapseltes Hämatom und sieht harmlos aus.

Bescheiden, wie sie ist, nimmt Beule nicht zu und belästigt

auch niemanden. Luna schon gar nicht. Sie bemerkt sie nicht einmal. Keiner von uns zerbricht sich in den darauf folgenden Wochen groß den Kopf. Luna bekommt den Spitznamen *Beuli* und kariolt durch ihr Hundeleben wie bisher: brandgefährliche Yorkshires die Böschung hinunterblasen, locker fünfzehn Kilometer am Fahrrad traben, fressen wie ein Scheunendrescher und einmal am Tag den schwarz-weißen ADHSler vermöbeln. Oder wer sonst gerade so da ist.

Eines Tages ist Beule plötzlich spürbar größer. Abgekapselte Hämatome wachsen normalerweise nicht. Die schrumpfen eher und verschwinden irgendwann. Vielleicht ja doch ein Lipom, ein Fettgeschwulst? Aber die sind nicht so hart und lassen sich ein bisschen hin und her schieben. Wie auch immer, wir sind medizinisch viel zu ungebildet und unerfahren, um uns allzu große Sorgen zu machen. Irgendwas wird's schon sein, und der Doc macht es weg. Das kennt man vom Schnupfen und vom Hexenschuss.

Die Diagnose hat mit Schnupfen leider nichts zu tun. Beule ist in Wirklichkeit ein Chondrosarkom, ein bösartiger Tumor, der schnell und infiltrierend wächst. Warum er so lange still gehalten hat, ist nicht zu erklären. Vielleicht, um uns in Sicherheit zu wiegen; vielleicht, weil Beule ein Arschloch ist. Alle Chondrosarkome sind Arschlöcher. In der Rippengegend tun sie nicht weh. Aber sie werden so groß wie Fußbälle und ziehen die ganze Energie aus dem Hund.

An manchen Tagen habe ich diese Müdigkeit in Lunas Blick bemerkt, der trüber wirkte, als ich es von ihr gewohnt war. Ich habe das in diesen Momenten auf das Alter geschoben, auf die anstrengende Fahrradtour, auf das viele Schwimmen, auf das gute Essen. Herrgott, es gibt doch an einem Hundetag jede Menge lebhafter Gründe, warum man abends todmüde ins Körbchen kippt. Das geht uns Menschen auch nicht anders.

»Gott sei Dank streuen diese Tumore nur sehr selten«, sagt der Doc ernst, während er mit Ultraschallstift über die rasierte Beule fährt. »Das heißt, in der Regel verspricht eine radikale Operation Abhilfe. Da das Sarkom hinten am Brustkorb sitzt und großräumig herausgeschnitten werden muss, müssten wir bei der Gelegenheit vermutlich ein Stück der Rippe wegnehmen.«

Meine Bedenken, ob diese Operation nicht zu belastend für einen elfjährigen Hund wäre, teilt er nicht. Er habe solche Eingriffe schon öfter gemacht, sagt er beruhigend, und Luna sei in Topform. Außerdem könnten Hunde eine Menge wegstecken. Das glaube ich unbesehen. Wir haben einen Haudegen im Freundeskreis, der nach einem hammerharten Herzeingriff seinen Leinenhalter in alter Frische durch die Gegend schleift wie eine Diesellok.

»Wenn es ganz schlimm wird, könnte es allerdings auch zwei Rippen erwischen«, sagt der Doc und legt den Stift beiseite. »Das sieht man aber erst beim Öffnen. Unter Umständen muss dann auch das Zwerchfell umgenäht werden. Wie gesagt, wenn alles gut läuft, ist es für eine ältere Hündin nicht belastender als für einen jungen Burschen. Aber ich muss Ihnen auch sagen, dass es keine einfache Operation ist. Ich werde ein großes Loch in diesen Hund schneiden. Dabei kann Unvorhergesehenes passieren. Die Wunde wird sehr groß sein. So groß, dass es in der Rekonvaleszenz durchaus zu Komplikationen kommen kann.«

»Die Luna unter Umständen das Leben kosten«, murmele ich.

»Die sie das Leben kosten können, ja«, sagt er.

Ich atme tief durch. Das ist mal wieder typisch für diese Hündin. Ihr ganzes Leben geht das schon so. Alles, bloß keine halben

Sachen. Es hätte doch wirklich dieses Lipom sein können oder sonst ein gutartiger Fettknubbel. Aber wer gibt sich schon mit solchen Kinkerlitzchen ab? Madame bestellt beim Schöpfer lieber etwas Handfestes, etwas Ordentliches, so richtig mit *Rippenraussägen* und *Zwerchfellumnähen*. Dass Luna sich eines Tages nicht still und leise verabschieden wird, sondern mit einem ganz lauten KNALL, ist uns schon seit Langem klar. Aber doch nicht jetzt schon. Und schon gar nicht so.

Natürlich habe ich auf dem Nachhauseweg mit Luna darüber gesprochen. Ich finde, man darf der Patientin eine solche Diagnose nicht verschweigen. Den ganzen Weg von Meerbusch nach Erkrath habe ich auf sie eingeredet. Auf der langen A 44 und auf der kurzen A3 und auf dem kleinen Stückchen A 46 auch noch. Gott sei Dank leben wir in Zeiten von Freisprechanlagen. Da sind unrasierte, allein fahrende Männer, die im Auto ohne Unterlass die Lippen bewegen und wild gestikulierend aufs Lenkrad klopfen, nichts mehr, was sofort in die Psychiatrische eingeliefert werden müsste.

Was soll ich sagen?

Es ist Luna wurscht.

Sie lebt im Hier und Jetzt. Hauptsache, der Napf ist voll, Wolfi prollt zuverlässig hinter seinem Hoftor, und Wiki stellt sich täglich zum Verkloppen zur Verfügung. Sie mag ihr Leben, wie es ist. Der Garten ist wieder grün. Die Tage sind warm und verlässlich. Nichts tut weh. Gut, die Jahre stecken in den Knochen und müssen neuerdings nach dem Aufstehen erst einmal rausgeschüttelt werden. Das ziept gelegentlich, gehört aber wie die Weisheit zum Alter. Dafür muss man auch nicht mehr wegen jedem dahergelaufenen Insekt detonieren wie eine Atombombe oder auf den Lesungen die Riesenwelle machen. Diesen Job hat sie an Wiki abgetreten.

Nur wenn ein zweiter Hund Deutschland betritt, haut sie noch höchstpersönlich auf den Tisch. Das ist Chefinnensache.

»Sie ist so unbeschwert«, sagt Stella. »Guck sie doch mal an! Da hüpft sie wie ein kleines Kind hinter einem Kranschatten her und hat keine Ahnung, dass sie übermorgen vielleicht tot ist.«

»Die denkt sich, übermorgen ist übermorgen«, sage ich. »Warum soll ich mir heute den Kopf zerbrechen, was übermorgen sein wird?«

»So ein bisschen was von dieser Haltung hätte ich auch gern.«

»Geht mir genauso.«

»Bei den *Peanuts* sitzen Snoopy und Charlie Brown einmal auf einem Steg und schauen auf den See hinaus. Charlie sagt trübselig: Eines Tages werden wir alle sterben. Und Snoopy antwortet: Stimmt, aber an allen anderen Tagen nicht.«

Luna kratzt mit einer Pfote vorsichtig ein Mauseloch auf und guckt, ob etwas Interessantes zum Vorschein kommt. Da die Bewohner des Erdapartments nicht blöd sind, tut sich lange Zeit nichts. Luna rammt ihre Nase in das Loch und schnauft so laut hinein, dass es bis ins Haus zu hören ist. Auch das wird offensichtlich nicht als Einladung verstanden, in suizidaler Absicht ins Hundemaul zu wandern. Da hilft nur buddeln. Sekunden später fliegen die Fetzen.

Ich stehe auf und recke mich.

»Weißt du was?«, sage ich. »Ich hole jetzt meine Liege, lege mich in die Sonne und schaue meiner alten Trulla die nächsten drei Stunden beim Sorglos-Sein zu.«

An einem milden, sonnigen Frühlingstag Ende Mai haben Luna und ihr Rippchen ein Date mit Knochensäge und Skalpell. Die Chancen, dass an diesem Tag die Regenbogenbrücke freigeräumt werden muss, damit unser Chaosweib am obersten Punkt keine Schlägerei mit anderen Reisenden anzetteln kann, stehen gut.

Leider.

Schlägerei auf der Regenbogenbrücke

Wenn es regnet, darf man liegen bleiben und allen Hyperaktiven, die vier Stunden am Tag durch die Gegend rennen, den Mittelfinger zeigen. Manchmal haben meine Hunde und ich das Gefühl, von auslastungsbesessenen Hundertzehn-Prozent-Hundehaltern umzingelt zu sein, die morgens um sieben eine Stunde erstes Lösenlassen, nachmittags zwei Stunden leichtes Agility, Dummytraining und kontrollierten Sozialkontakt sowie nachts fünfundvierzig ambitionierte Minuten um die Häuser absolvieren. Auch oder erst recht bei Sauwetter! Wir sind an Regentagen morgens zwei Minuten im Garten und gehen vor dem Dunkelwerden nochmals drei Minuten dorthin. In der Zwischenzeit lagern wir gesellig und schämen uns nicht.

In der letzten Maiwoche fällt kein einziger Regentropfen. Ich hätte es mir so sehr gewünscht. Diese strahlenden Frühlingstage passen überhaupt nicht zu meiner niedergedrückten Stimmung. Im Garten ist es warm und duftend und grün. Die Sonne steht gleißend an einem blitzblank geputzten Himmel. Das ist doch kein Wetter zum Abtreten!

Zwei Tage vor Lunas Operation krieche ich auf allen vieren durch den Keller und suche Wikis blauen Wundschutzteller. Vielleicht kommt Luna ja heil aus dem ganzen Schlamassel heraus und kann ihn gebrauchen. Wiki hat ihn damals nach seiner Kastration getragen. Einen herkömmlichen Antikratztrichter hätte unser Tierarzt kostenlos verliehen. Da wir Wiki den Kragen der Schande aber vierzehn Tage lang überstülpen sollten, haben wir uns für diese zwar schweineteure, aber dafür saubequeme Satellitenschüssel entschieden. Der Durchmesser entspricht ungefähr einer halben Hundelänge. In der Mitte befindet sich ein umstricktes Loch. Es sieht ein bisschen wie ein Rollkragenpullover aus. Laut Reklame verhindert das Gerät zuverlässig das Knabbern an frischen Wunden und verspricht obendrein noch entspannten Schlaf dank eines weichen Schaumgummikerns.

Pustekuchen!

Eines Nachts knurrte der entmannte Patient: »Jetzt, wo ihr alle komatös in euren Betten liegt und nichts mitkriegt, ziehe ich mir die Fäden selber, und euren dämlichen Wundschutzteller könnt ihr euch in die Haare schmieren, ihr Spackos!«

Worauf er den linken Hinterhuf ganz weit nach außen bog, den blauen Teller zwischen den muskulösen Schenkelchen platzierte und den Tellerrand mit seiner Hammernase so weit zur Seite drückte, dass er mit den Schneidezähnen den Faden erreichen und bequem daran ziehen konnte. Nachtschwester Luna saß daneben und guckte zu, wie die Wunde immer weiter klaffte und das Wundwasser ins Körbchen tropfte. Am nächsten Morgen wurde der Held vom erbosten Tierarzt bei lebendigem Leib getackert und erhielt einen kostenlosen Leihtrichter. Damit dengelte er zwei Wochen lang im ganzen Haus gegen die Möbel. Vor allem nachts! Damit auch ja alle Bescheid wussten, wie schlecht es ihm ging.

Im Skiausrüstungsregal hinter einer Geschenkpapierrollensammlung aus dem letzten Jahrhundert finde ich das gute Stück endlich. Als ich mit dem blauen Teller vor Wikis Nase herumwedele, freut er sich. Er findet sowieso, dass in den letzten beiden Tagen die allgemeine Aufmerksamkeit etwas zu sehr von ihm weggedriftet ist. Heute beim Nachmittagskaffee hat er energisch darauf hingewiesen, dass er sich beim Buddeln einen Kleinstkratzer an der rechten Pfote zugezogen habe, die sich unter Umständen eventuell höchstwahrscheinlich vielleicht womöglich entzünden könnte würde müsste. Auf jeden Fall droht Amputation! Also gefälligst Notarzt!

Blaulicht! Tatütata!

Typisch Rüde.

Vor dem Haus wird gebaggert. Die Stadtwerke verlegen neue Wasserrohre und blitzsaubere Stromleitungen. Luna liegt auf den warmen Pflastersteinen und guckt interessiert zu. Ich nutze diese Gelegenheit für Wikis Anti-Buddel-Training: *Lektion 47 – Einführen eines Abbruchsignals über Buddelfrustration.*

Dazu eignet sich hervorragend die Zeigen-und-Benennen-Methode aus dem Markertraining. Ich deute auf die monumentale Baggerschaufel und sage: »Meister!« Wiki guckt auf seine winzigen Buddelpfötchen und lässt traurig die Ohren hängen. Er fühlt sich wie ein Wurm und hat überhaupt keine Lust mehr, das Mauseloch aufzugraben. Der Rasen bleibt unangetastet.

Für diese Gemeinheit rächt er sich noch in derselben Nacht auf fürchterliche Weise. Er plündert die Kuchenplatte, die versehentlich auf der Anrichte stehen geblieben ist. Prompt werde ich am nächsten Morgen von sämtlichen Familienmitgliedern beschuldigt, nachts die Kuchenplatte geplündert zu haben. Ich habe aber nicht nachts die Kuchenplatte geplündert!

Sie glauben mir nicht und machen mich zur Schnecke.

»Hätte ich mal nachts die Kuchenplatte geplündert«, fluche ich. »Dann wäre der Anschiss wenigstens nicht umsonst gewesen.«

In der folgenden Nacht plündere ich die Kuchenplatte.

Prompt schlafe ich schlecht und habe Albträume.

Ich träume, meine beiden Hunde zwängen mich zu Verhandlungen über die zukünftige Honorargestaltung. Wo sich die Bücher jetzt einigermaßen verkauften und Luna sogar ihr Leben für den nächsten Band riskiere, so Wiki, sei es Zeit für eine deutliche Anpassung der monetären Motivation nach oben. Die beiden fordern zweimal täglich Freilauf auf der Häschenwiese, kostenloses Wurstwasser und Demeterrindsrouladen. Keine Gurke, nur Speck! Sollte ich darauf nicht eingehen, würden sie morgen früh ausgiebig in den Flur pinkeln und danach zu einem anderen Autor wechseln. Ach ja, und die Halsbänder seien auch nicht mehr gut genug. Man wünsche weiches Rehleder mit verchromten Beschlägen.

Ich wache schweißgebadet auf.

Mittwoch. Es ist so weit.

Von wegen nur ein Rippchen! Luna entscheidet sich für das OP-Modell mit Vollausstattung: Mordstumor nach außen und innen, drei Rippen raus, Zwerchfell versetzt, Bauchfell ersetzt, Hautverschiebung wegen des enorm großen Wunddefekts, Morphium, Tropf, Wärmelampe, stationärer Klinikaufenthalt. Ich stehe nach der Operation fassungslos vor dem Abteil, in dem sie liegt, von vorne bis hinten in Verbände gewickelt und so leise und flach atmend, dass man glaubt, der nächste Atemzug käme gar nicht mehr.

Wovon sie gerade träumt? Ist sie überhaupt noch bei uns?

Doktor Diel ist selber überrascht, was sich ihm nach Öffnung meiner Krawallmaus für ein Bild geboten hat. Er zeigt mir ein Foto von all den Dingen, die er großräumig herausgeschnitten hat. Es sieht wie das Barbecue in dem Film *Grüne Tomaten* aus, als der widerliche Frank Bennett mit der Bratpfanne erschlagen wird und auf Big Georges Grill landet.

»Ihr Schnuckel ist vom Schwanz bis zum Kopf kahl rasiert«, sagt er und deutet auf das grün eingewickelte Häufchen Elend unter der Wärmelampe. »An der Seite ist eine U-förmige Narbe, ungefähr vierzig Zentimeter lang, mit vierzig Klammern drin. Das Sarkom war so groß, dass wir drei Rippen gekappt haben. Dadurch mussten wir das Zwerchfell umnähen und ein Stück des Bauchfells durch ein Netz ersetzen. Bei der Gelegenheit haben wir auch noch drei kleinere Mammatumore an der linken Gesäugeleiste entdeckt. Die konnte ich aber leider nicht entfernen, weil wir für den Wundverschluss jeden Zentimeter Haut gebraucht haben. Da müssen wir im August noch mal ran. Das wird dann allerdings ein Spaziergang werden im Vergleich zu der Tortur heute. Aber nun, das ist Zukunftsmusik. Jetzt muss sie erst mal diese Operation wegstecken.«

»Kann sie das denn?«, frage ich.

Er zuckt mit den Schultern.

»Sie strampelt gerade sehr«, sagt er. »Wenn irgendwo Daumen gedrückt werden, sollten die auf jeden Fall gedrückt bleiben. Wie es ausgeht, wissen wir nicht. Diese Nacht entscheidet.«

Ich schlucke.

»Schlafen Sie erst mal aus und kommen Sie morgen früh wieder. Wenn etwas sein sollte, rufe ich Sie an.«

Doktor Diel klopft mir auf die Schulter.

»Das alles muss man nicht überleben«, sagt er. »Kann man aber.«

Ich laufe mit Wiki ziellos durch die Gegend und denke an die vielen verrückten Hundebekanntschaften, die ich meinem süßen Mistvieh zu verdanken habe. Bruno, der sture Esel, der nach der

Pubertät direkt in den Alterssstarrsinn übergegangen ist. Brunos beste Freundin, die so gerne Katzenscheiße frisst. Praktischerweise lebt eine Mieze im Haushalt. Wenn sie Hunger hat, muss sie nur kurz auf die Katze drücken, schon ist angerichtet. La Lünette aus der Schweiz, ein Beauceronterriermaulwurfmix mit einer ausgeprägten Vorliebe für Grabungen aller Art. Hedwig überlegt, sie an ein Tiefbauunternehmen zu vermitteln. Dank ihres explosiven Temperaments sei La Lünette sehr gut für Sprengungen geeignet, sagt sie. Zu ihr würde Kuno gut passen, der Schäferhundabrissbirnenbeaglemix, der damals fast an Wikis Stelle bei uns eingezogen wäre. Ein liebenswerter, aber notgeiler Chaot namens Rüdiger kommt mir in den Sinn, dessen Name in Wirklichkeit eine Steigerungsform ist: rüde, rüdiger, am rüdigsten. Der Jack Russell, der von einem Rottweiler großgezogen wurde und jetzt denkt, er sei auch einer. Überhaupt die vielen Terrier um uns herum. Lernt man sie erst einmal näher kennen, wird einem ganz schnell klar: Terrier sind nicht klein, sie sind ein Konzentrat.

Mein Blick fällt auf Wiki, der unbeschwert durchs Gestrüpp hüpft und mich lehrt, dass es weitaus Wichtigeres im Leben gibt als Knochenkrebs.

Leckere Kaninchenköttel zum Beispiel.

Die ganze Nacht warte ich auf den Anruf aus der Tierklinik, der sagt, es ist vorbei. In meinem unerschütterlichen Aberglauben like ich morgens um vier alle vierhundert Daumendrücker bei Facebook. Jeden einzeln. Facebook mahnt mich wiederholt ab und lässt sich meine Klicks mit Spezialcodes bestätigen, weil sie denken, bei mir handle es sich um einen Spammer.

Doktor Diel ruft nicht an. Luna scheint also noch am Leben zu sein. Trotzdem habe ich ein ungutes Gefühl, als ich morgens um zehn nach Meerbusch in die Klinik fahre. Ich bin überzeugt, dass mich ein Einschläferungstermin erwartet.

Am Himmel schiebt sich eine Wolke vor die Sonne. Was denn sonst!

Als ich auf den Parkplatz der Klinik fahre, erhasche ich durch die blitzende Scheibe der Eingangstür einen kurzen Blick ins Foyer. Der Doktor wartet schon. Er ist nicht allein. So wie es aussieht, hat er zur Verstärkung eine Assistentin mitgebracht.

Mir rutscht das Herz endgültig in die Hose. Ich stelle das Auto in die Parklücke und steige eine lange Zeit nicht aus. Ich denke an den letzten Moment, den ich mit Luna hatte. Es kommt mir vor, als wäre es eine Ewigkeit her. Dabei war es erst gestern.

Der Pieks tut nicht weh. Das Letzte, was Luna sieht, ist die Sonne am Himmel. Das Letzte, was sie riecht, bin ich. Ich habe die Hand auf ihre Schnauze gelegt und halte sie fest, während sie langsam auf den OP-Tisch sinkt. Als der Doc das Skalpell ansetzt, träumt sie schon tief und fest. Ihr letzter Gedanke gilt der Regenbogenbrücke.

Es ist natürlich kein Gedanke.

Hunde denken nicht.

Es ist eher ein Beben, ein Zittern im Herz, ein warmes Licht vor den Augen.

Regenbogenbrücke! Ausgerechnet. An die Regenbogenbrücke habe ich noch nie geglaubt. Das reden sich die Zweibeiner bloß ein, damit ihnen der Tod nicht so wehtut. Über einen Regenbogen ins Jenseits schreiten, was für ein Quatsch! So albern wird doch heutzutage nicht mehr gestorben. Dickes Mettbrötchen zum Schluss, Abgang, Nacht! So sieht's aus. Man darf sich da nichts vormachen.

Wie muss ich mir den Gang über diese Brücke überhaupt vorstellen? Finden meine Pfoten festen Tritt, oder ist so ein Regenbogen aus Watte? Vielleicht fühlt sich das ja an, wie wenn man auf der Wiese nicht aufpasst und in einen Kuhfladen tritt. Mache ich das alleine, oder hängt Herrchen noch hinten dran? Kann uns da einer entgegenkommen? Falls ja, wieso dreht der auf der Brücke überhaupt um? Wahrscheinlich ist der blöd. Oder scheintot. Hat's ja alles schon gegeben.

Aber mal angenommen, es käme tatsächlich Gegenverkehr, ruft Herrchen in dem Fall auch: Ist das ein Rüde? Treten wir dann kurz beiseite auf den violetten Streifen, damit der andere auf dem grünen außen vorbeigehen kann?

Egal, sicherheitshalber werde ich auf jeden Fall BUUUHHH machen. Vielleicht fährt der andere ja vor Schreck zusammen, rutscht den Bogen hinunter und knallt auf die Schnauze. Mal richtig saftig ins Paradiesgras beißen, das wär's doch.

Rüde oder Weibchen? Das war zu Lebzeiten immer seine bescheuertste Frage. So etwas sieht man doch auf den ersten Blick, Mann. Außerdem ist es unhöflich. Er fragt die Kassiererin an der Supermarktkasse doch auch nicht von Weitem: Sind Sie eine Frau? Die würde ihn vor Wut mit Schokoriegeln bewerfen.

Aber wahrscheinlich darf man auf der Regenbogenbrücke gar keine Schlägerei anfangen. Wer es trotzdem tut, kriegt von den Engeln einen Maulkorb aus Feenstaub verpasst. Überhaupt setzt diese komische Regenbogenbrücke voraus, dass es nur einen Himmel und keine Hölle gibt. Eine Regenbogenbrücke in die Hölle ist schwer vorstellbar. Aber in den Himmel will ich gar nicht! Da wird nur gespielt, gehüpft und lieb gehabt. Dann schon lieber das Untergeschoss. Von morgens bis abends Kumpels verprügeln, Sofas zerlegen und sich mit altem Brackwasser besaufen.

Etwas sägt in meinem Brustkorb. Ich fühle es, aber spüre nichts.

In der Illustrierten im Wartezimmer hat er mir ein Bild von Cher gezeigt und gesagt, die habe sich eine Rippe entfernen lassen, damit ihre Taille schlanker wird. Ich läge also nicht nur auf dem OP-Tisch von Doc Diel, sondern auch voll im Trend. Nach dem Eingriff sei ich reif für Hollywood. Wird allerhöchste Zeit, dass mein Talent gewürdigt wird. Gegen mich ist Marley ein lahmer Leberkeks.

Jetzt fühle ich gar nichts mehr. Das ist schön. Alles ist so leicht im Moment. Und hell und bunt ist es draußen geworden. Die Luft ist wie neu. Ein warmer Wind, der nach Bratwurst riecht. Und da hinten, da sehe ich …

… einen Regenbogen?!

Bitte nicht!

Wer immer hier Regie führt, soll jetzt sofort aufhören mit dem Kitsch.

Es ist tatsächlich ein Regenbogen! Ein weiter, schimmernder Regenbogen hinüber in ein anderes Land. Wie schnell ich bin. So leichtfüßig bin ich schon ewig nicht mehr getrabt. Alles ist so einfach. Der Knubbel ist weg, die Kraft wieder da. Die Sonne scheint. Ich renne den Bogen hinauf, als wäre es nichts.

Oben kommt mir tatsächlich einer entgegen und guckt, als ob er sich verlaufen hätte. Jetzt leckt er sich auch noch beschwichtigend die Lefzen. Verpiss dich, Mürbchen, hier kommt dein Albtraum! Schon hopst er panisch in den grünen Streifen. Ich habe jetzt keine Zeit für Scheintote, Schnucki. Hau dir selber eine rein!

Diese unendlich große Hundewiese auf der anderen Seite. Weiches Gras, duftende Blumen. Dicke Molosser spielen in friedlicher Eintracht mit zarten Teacup-Pudeln. Du liebe Zeit, geht's noch? Wo ist eure Würde?

»Hey, Schnecke! Schön, dass du da bist.«

Die Stimme kenne ich doch. Ist das nicht Lorbas, der alte Rottweiler aus dem Viertel? Er liegt auf der Wiese und schaut so cool und abgebrüht aus der Wäsche wie zu Lebzeiten. Sein Frauchen wurde damals von einem Wanderer zur Schnecke gemacht, weil sie *»Bei Fuß, Lorbas«* gesagt hat. Beifuß sei ein Küchenkraut, hat sich der Wanderer aufgeregt. Was denn der Blödsinn solle! Man könne doch nicht einfach irgendwelche Befehle erfinden, schließlich gebe es gesetzliche Regelungen, wie man einen Hund zu kommandieren habe.

Die sind alle wahnsinnig, diese Zweibeiner. Alle wahnsinnig! Kaum einer, der nicht neben der Spur läuft oder herumzuckt wie ein Körperklaus. Mit Bewegung haben es die Menschen nicht so. Das sieht alles so ungelenk und ungeschlacht aus. Ein Wunder, dass auf den Straßen nicht mehr passiert. Man wartet ja förmlich darauf, dass alle naslang einer vor die Laterne rennt.

Ador, Aragon und Haron sind auch da. Die haben nie Angst vor mir gehabt und jeden Scheiß mitgemacht. Benny tobt auf der Wiese. Damals hat er seinen Wettlauf gegen den Regionalexpress verloren, hier gewinnt er wahrscheinlich jedes Rennen. Buddy, die alte Boxerkeule, sehe ich auch. Da hinten balgt er. Der hat mich immer in Grund und Boden gerammt und sich anschließend begeistert neben mich in den Schlamm geschmissen. Wir sahen hinterher jedes Mal aus wie die Schweine.

Meine Güte, was für zuckersüße Zustände!

Der Himmel hängt voller Schinken und Schulbrote und Ochsenziemer. Wenn Wiki das sehen könnte. Er müsste gar nichts mehr klauen. Er muss nur an Köstlichkeiten denken, schon sind sie da. Genug für alle!

Wie glücklich sie aussehen. Keiner neidet dem anderen die getrocknete Lunge. Keiner behält die blutigen Hühnerherzen für sich. Alle sind so lieb und rücksichtsvoll und respektieren sich und teilen ihr Spielzeug und hoppeln entspannt nebeneinander her und bellen vergnügt und …

… bei allen heiligen Papstknochen der letzten tausend Jahre! Wer soll das denn aushalten? Eine ganze Ewigkeit in so einer weichgespülten Hundepension?! Das ist doch der Albtraum!

Wo ist denn der Fight Club?

Wo sind die Narbenträger?

Die Straßenhelden, die Einzelkämpfer?

Wo geht's hier verdammtnochmal raus?

»Hey, Schnecke, schön, dass du da bist.«

Das ist überhaupt nicht die Stimme von Lorbas, denkt sie, während sie aus ihrem Traum langsam an die Oberfläche trudelt. Das ist doch die Stimme von …?

Vorsichtig schlägt Luna die Augen auf und blinzelt ins Licht. Die Fliesen kommen ihr bekannt vor. Die Küche. Der Geruch. Das Körbchen, das so vertraut knarrt.

Vor ihr steht Wiki und wedelt, was die kleine Rute hergibt. Der liebe, treue, alte Sack! Er hat ein Kaustäbchen dabei. Es fällt ihm aus dem Maul. Direkt vor ihre Nase. Wiki wedelt freundlich weiter. Er will das Stäbchen mit ihr teilen.

Luna kann es nicht glauben. Wiki will eine zehn Zentimeter lange getrocknete Büffelhautstange teilen? Wie Sankt Martin.

Wiki? Ohne senkrecht in die Luft zu gehen wie ein Chinakracher? Das hat mit dem wirklichen Leben nichts zu tun. Das funktioniert nur im Paradies.

Sie muss tot sein! Anders ist das nicht zu erklären. Diese Küche ist gar nicht die echte Küche. Bestimmt ist sie bloß eine Fata Morgana auf der Regenbogenbrückenhundewiese. Dort, wo alle Fiderallala bellen, sich gegenseitig die Öhrchen kraulen und zu dritt am Leckerchen knabbern.

Oder vielleicht doch nicht?

Vorsichtig legt Luna ihre Pfote auf das Stäbchen.

Langsam zieht sie es zu sich.

Wiki kriegt den Tobsuchtsanfall des Jahrhunderts!

Was ich zum guten Schluss noch sagen wollte

»Wenn man einen ganzen Tag lang den Strand bei Julianadorp auf und ab rennt, sich unbeaufsichtigt *Krebs-Muschel-Allerlei an verwester Möwe auf salzigem Kaninchenköttelbett* reinpfeift und danach kein einziges Mal kotzt, dann ist man eine ganz harte Sau«, sage ich zu Stella und blinzle in die holländische Herbstsonne.

Wiki scheucht im glitzernden Watt vergnügt die Möwen auf. Luna wettert an der Zehnmeterleine, weil ein fremder Hund es wagt, den Strand zu betreten. Sie geht ihrer alten Leidenschaft nach, als wäre nie etwas gewesen. Selbst vier Tage nach ihrer Operation vor einem halben Jahr hat sie es sich nicht nehmen lassen, aus dem Auto heraus alles anzukeifen, was bellt, miaut oder atmet. Trotz fehlender drei Rippchen, umgenähten Zwerchfells und Wundwassers, das pfundweise aus der Watte tropfte. Es tat saumäßig weh. Aber von dem bisschen Schmerz lässt sich ein gestandenes Hundeweib doch das Möppern nicht verleiden.

»Ruff! – Fiep! – Woff! – Jiep! – Raffwaff! – Jappjiep!«

Mittlerweile ist alles wunderbar verheilt. Metastasen sind keine aufgetaucht. Madame ist ganz die alte ungehobelte Wildsau. Ich hätte nie gedacht, dass mir ihre Wutanfälle einmal Tränen der Rührung in die Augen treiben würden.

Was die harten Säue und das Kotzen anbelangt, bin ich abends schlauer und weiß, dass ich nur halb recht hatte. Während Lunas vollständig genesene Innereien diese kulinarische Tortur seelenruhig wegverdauen, spart sich Wikis widerspenstiger Magen die ganze Herrlichkeit für den Moment auf, an dem wir wieder zu

Hause sind. Nachts um zwei weckt er uns mit einem fulminanten WUP-WUHUUP-WOOOAAARRRGGGHHH! Wiki kotzt zwei mächtige Batzen Trockenfutter ins Schlafzimmer und zieht sich diskret in den Flur zurück. Wieso bewacht er die Haufen nicht? Das hätte mir auffallen müssen!

Tut es aber nicht. Ich bin viel zu müde. Nachts um zwei auf den Knien herumrutschen und Kotze wegwischen lässt nicht viel Spielraum für scharfsinnige Schlussfolgerungen. Während ich angewidert den Lappen auswringe, höre ich im Flur das Geräusch, das noch viel furchtbarer klingt als WUP-WUHUUP-WOOOAAARRRGGGHHH!

PFRRRZZZ-PFFFFBBBLLLBBBSCH-FLAAAAAAATTTTTSCHHHH!

Der Erbrecher dünnpfifft zweimal in den Flur. Die Konsistenz der Suppe ist tadellos. Sie passt in jede Ritze des Dielenbodens. Ich reiße Fenster und Türen auf, um die frische Luft hinein- und den miefenden Hund hinauszulassen. Wiki saust in den Garten, flaaatscht dort weiter, hopst anschließend erleichtert über den Zaun, bleibt in einer Brombeerhecke stecken und bellt die Nachbarschaft wach.

Inzwischen ist es halb drei nachts. Während ich Diarrhö aus den Ritzen kratze, steht Stella mit einer Klappleiter im Garten und versucht, den Hund aus den Beeren zu schneiden. Bei dieser günstigen Gelegenheit fliegt eine Hornisse ins hell erleuchtete Haus. Ich verfolge sie bis ins Schlafzimmer. Dort verkriecht sie sich unter dem Bett.

Luna, die endlich auch wach geworden ist, will das Insekt umbringen. Mit den Zähnen zermalmen! Da ich keine Lust auf einen Notarztbesuch wegen angeschwollener Hundekehle mit drohendem Erstickungstod habe, packe ich die Dame am Halsspeck und ziehe sie unter dem Bett hervor. Mittlerweile ist ein geläuterter, von allen Mageninhalten und Brombeerdornen befreiter Wiki wieder da. Er möchte mittöten. Wir lassen die Hornisse, wo sie ist, schnappen das Bettzeug und verteilen uns auf die freien Sofas im Haus.

Fragte mich in diesem Moment jemand nach den Freuden der Hundehaltung, würde ich spontan mongolische Rennmäuse empfehlen. Die possierlichen Nager machen wenig Schmutz, poppen in der Ranzzeit nicht mit jedem dahergelaufenen Rüden, und es gibt sie in hundert Farben.

Außerdem muss man Rennmäusen nicht einmal pro Woche tief ins braune Auge schauen und mahnend brummen: »Pass bloß auf, Schätzchen! Sonst kommst du in die Wurst!«

Dieser Satz ist übrigens der Moment, wo sich die Hundehalterschaft in Vernünftige und Unvernünftige trennt. Die Vernünftigen wickeln das Schätzchen ein, tragen es zum Metzger ihres Vertrauens und sagen: »Mach mir daraus eine schöne Salsiccia.« Die Unvernünftigen knuddeln den Hund und seufzen: »So ein Süßer! Ich kann viel von ihm lernen.«

Stella und ich gehören zur zweiten Gruppe.

Das Geheimnis unserer Lebensfreude heißt *Positive Thinking.*

Wenn Luna ihre Erzfeindin am Wickel hat und ich hundert Meter unter zehn Sekunden zurücklege, um mich mit einem Hechtsprung zwischen die kämpfenden Parteien zu werfen, denke ich nicht: *Na warte, du Vollpfosten,* sondern: *Schönen Dank, nie war ich fitter als heute.* Oder nehmen wir die Fälle, wo ich hundeunterstützt meinen Fahrradsattel mit einem einfach geschraubten Salto verlassen und mich vor Publikum im Gras wälzen muss. Imgraswälzen ist keine Tätigkeit, nach der sich Menschen wie ich, die ungern im Mittelpunkt stehen, sehnen. Andererseits wird bei Autoren, die Lesungen abhalten müssen, das Meiden öffentlicher Bühnen nicht gern gesehen. So unbehaglich man sich da auch fühlt, manchmal muss man einfach unter den Scheinwerfer.

So etwas spürt der treue Hund. Er schaut dich beim Radeln an und sagt: »Du möchtest lernen, unbefangen im Rampenlicht zu stehen? Kein Problem. Da vorne ist die Kuvaszin. Gestalten wir eine Situation, an der du wachsen kannst.«

Überhaupt ist es für harmoniesüchtige, konfliktscheue Zeitgenossen wie mich ein unglaublicher Zugewinn, einen grantigen Hund wie Luna zu haben. Einmal pro Monat Ja zum Konflikt sagen, anstatt ihm ausweichen; auf erboste Hundehalter zugehen müssen, die Hand geben und sich höflich entschuldigen; der Todsünde Geiz entsagen und großzügig Tierarztkosten übernehmen, weil die eigene Haftpflicht bei freilaufenden Hunden nur die Hälfte zahlt; einen Karton exquisiten Rotweins für den Nachbarn aussuchen, hinübertragen und das freundschaftliche Gespräch suchen. Das alles trägt entscheidend zur Persönlichkeitsbildung bei.

Man reift als Mensch am Hund, jede Minute, jeden Tag. Dafür muss man ihm zutiefst dankbar sein. Gut, die Momente, in denen man in schiere Verzweiflung fällt und sich fragt, warum in Dreiteufelsnamen man sich das alles antut, werden nicht weniger. Hier tun sich die Anhänger der Reinkarnation leichter. Sie lächeln milde und sagen: »Je geduldiger ich bin, desto reicher werde ich im nächsten Leben belohnt. Womöglich werde ich ja als Martin Rütter wiedergeboren.«

Wer es gar nicht rafft, geht zurück auf Los und fängt im nächsten Leben wieder ganz von vorne an. Am Wegrand einer stadtbekannten Pinkelrunde. Als Kiesel.

In diesem Sinne: Habt eure Hunde lieb!

Sie verwandeln euch.

Erkrath im Mai 2016

Was du hörst:
»Mit elf werden sie ruhiger.«

Was du sagst:
»Guter Witz.«

Was du denkst:
Der Einzige, der hier
am Stock geht, bin ich.